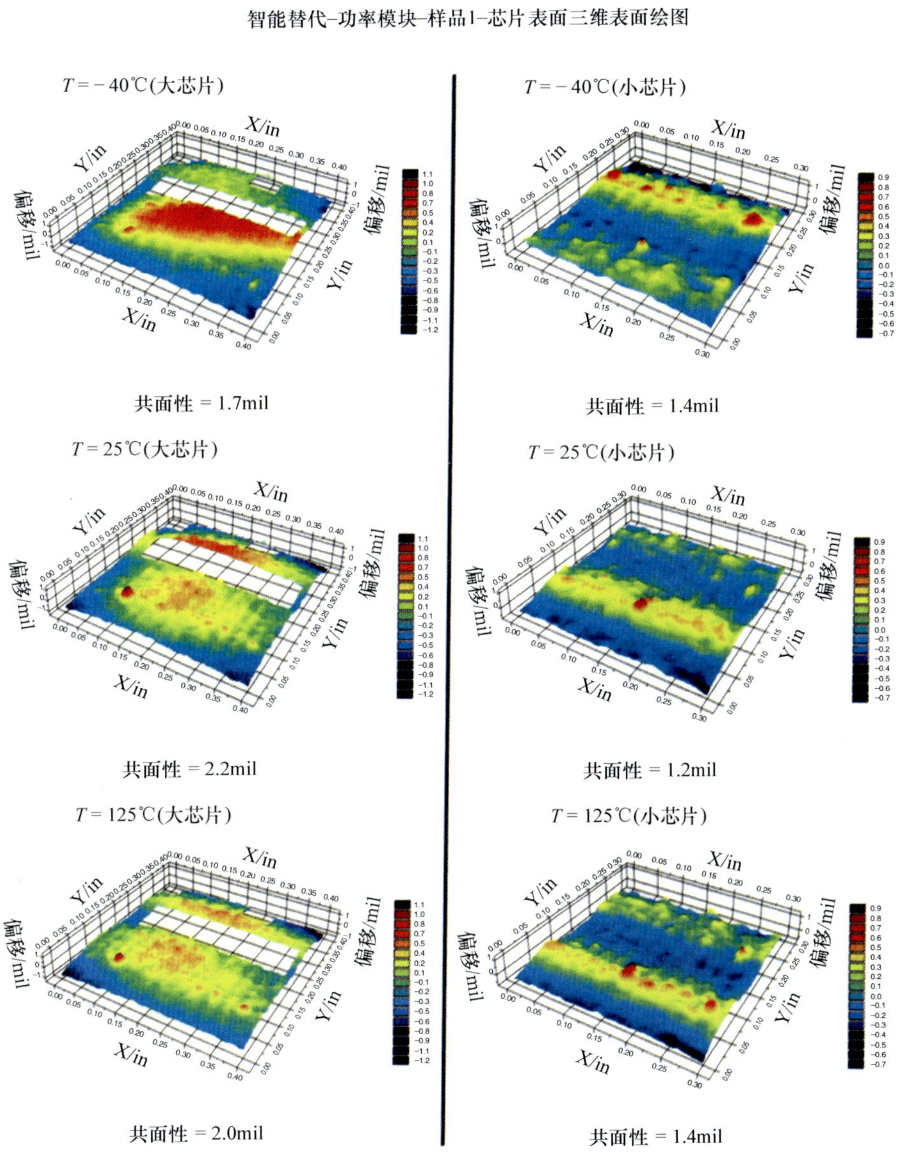

图 5.12 样品 1 的三维表面绘图

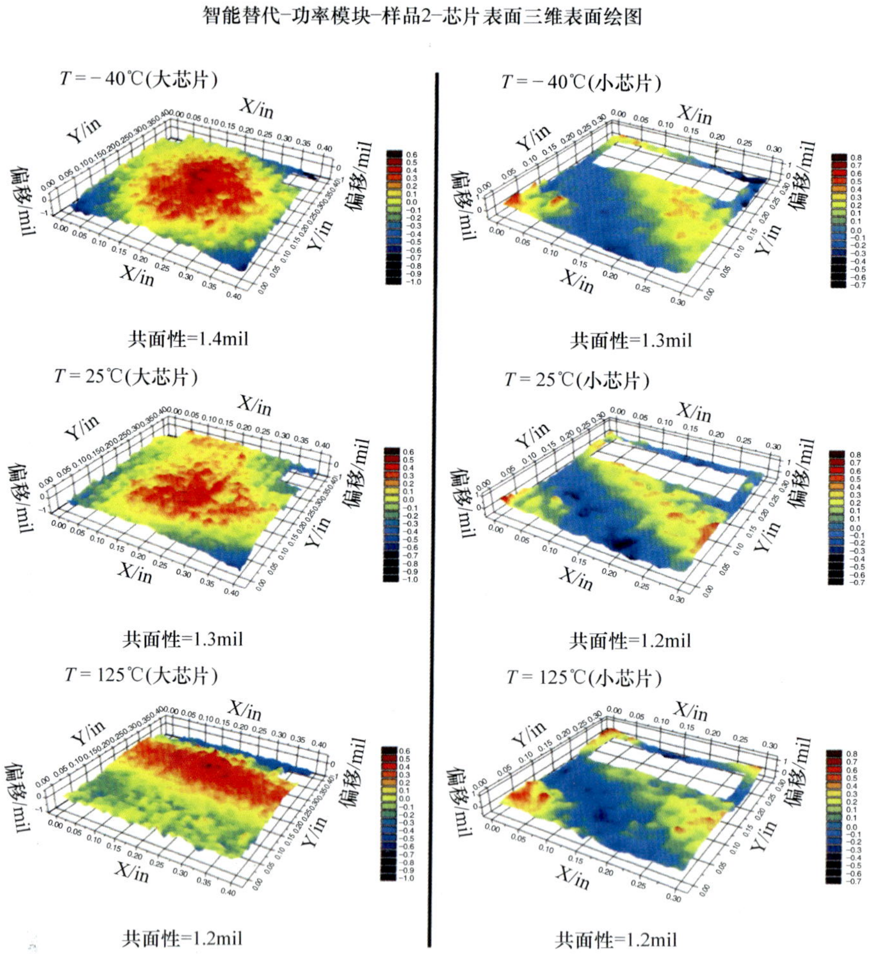

图 5.13 样品 2 的三维表面绘图

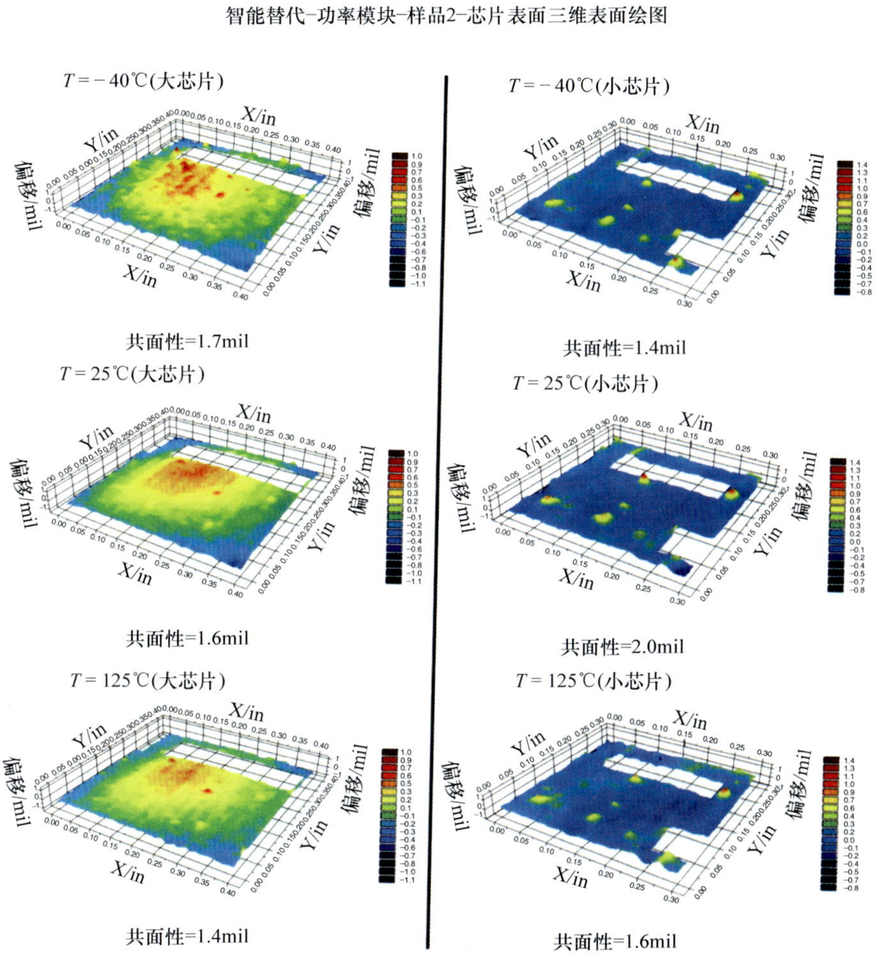

图 5.14　样品 3 的三维表面绘图

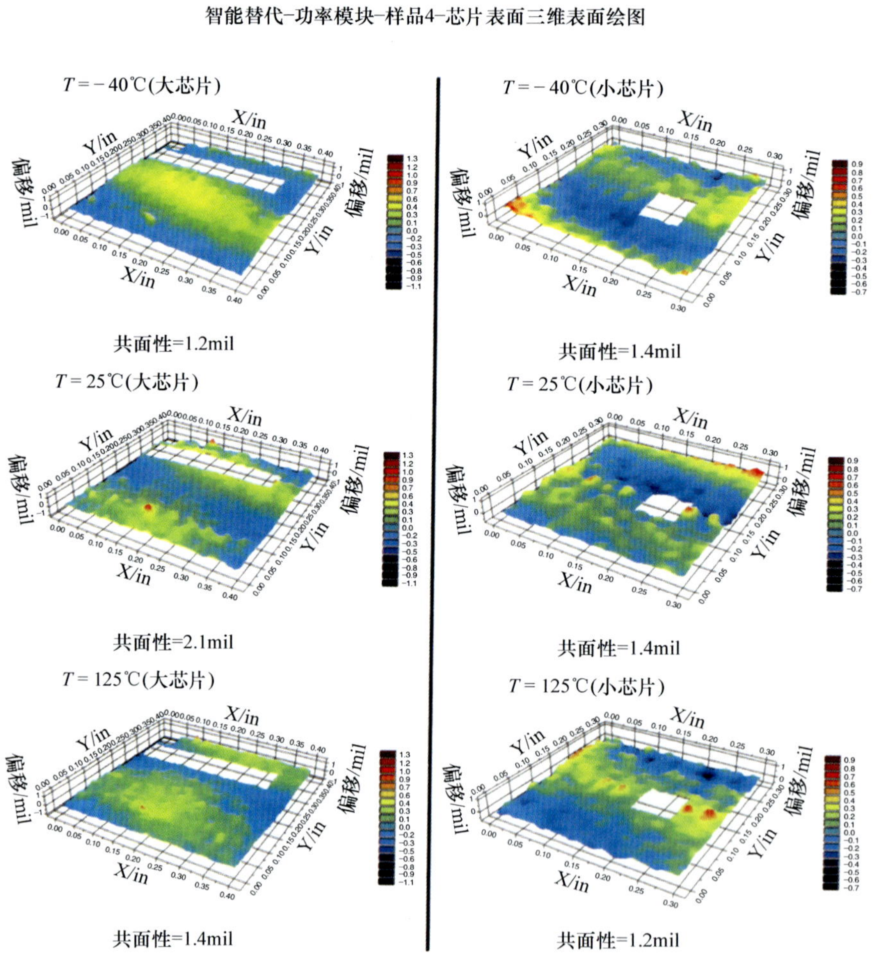

图 5.15 样品 4 的三维表面绘图

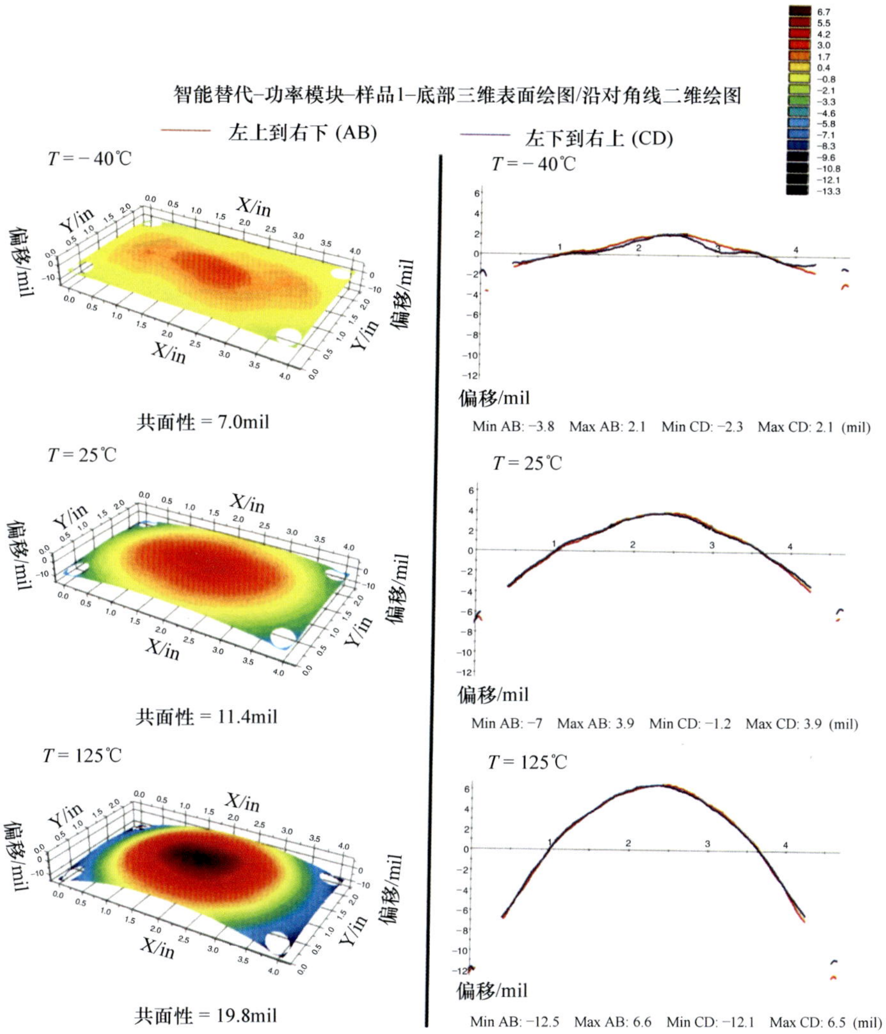

图 5.20 样品 1 的底部三维表面绘图、沿对角线二维绘图

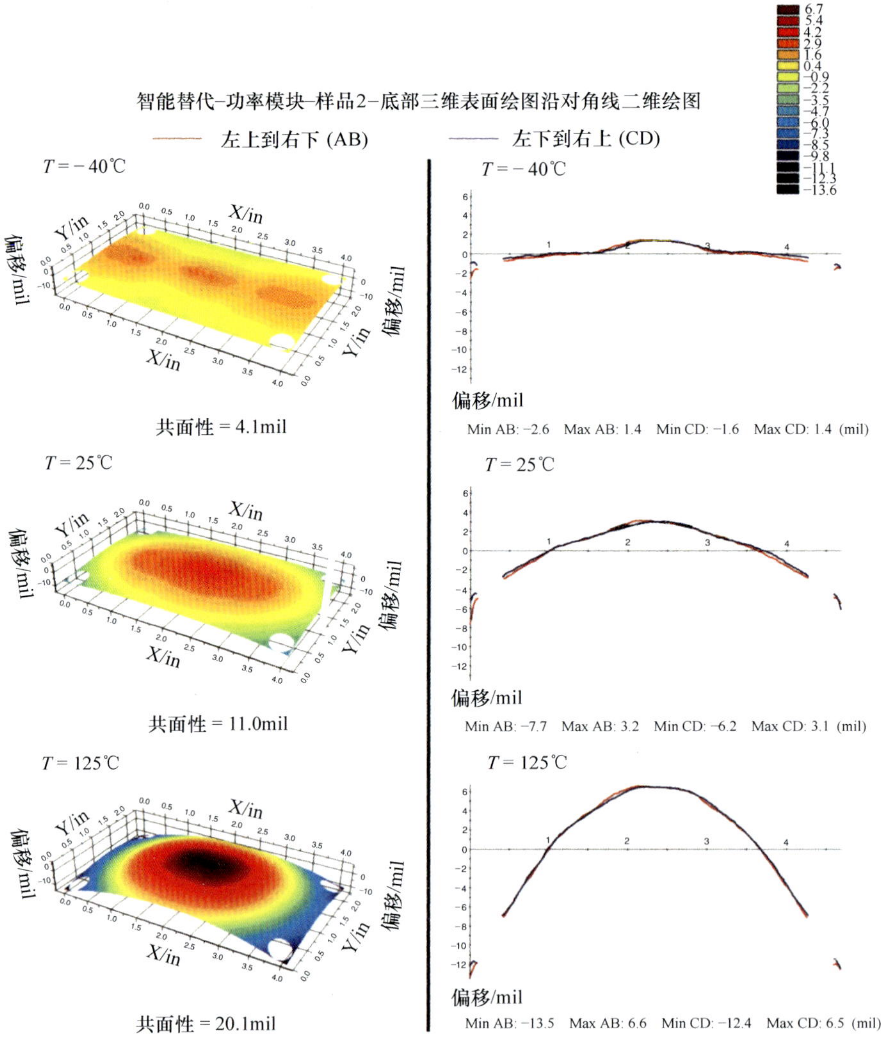

图 5.21 样品 2 的底部三维表面绘图、沿对角线二维绘图

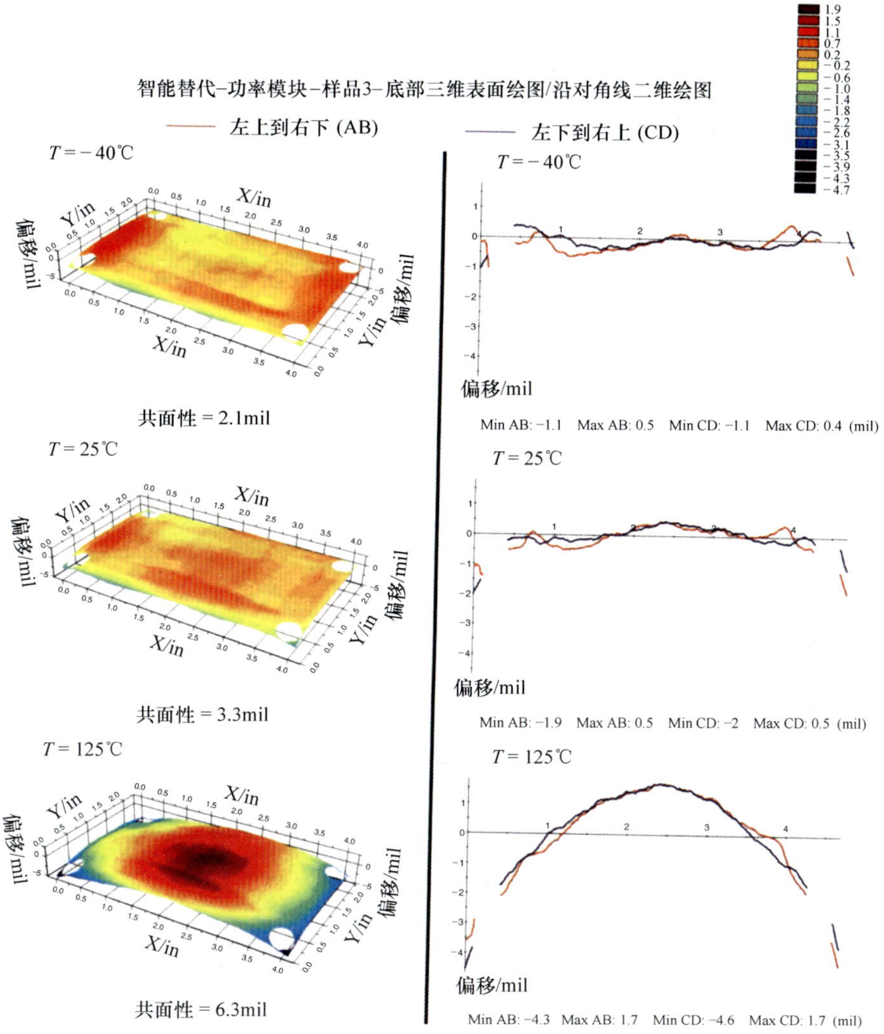

图 5.22 样品 3 的底部三维表面绘图、沿对角线二维绘图

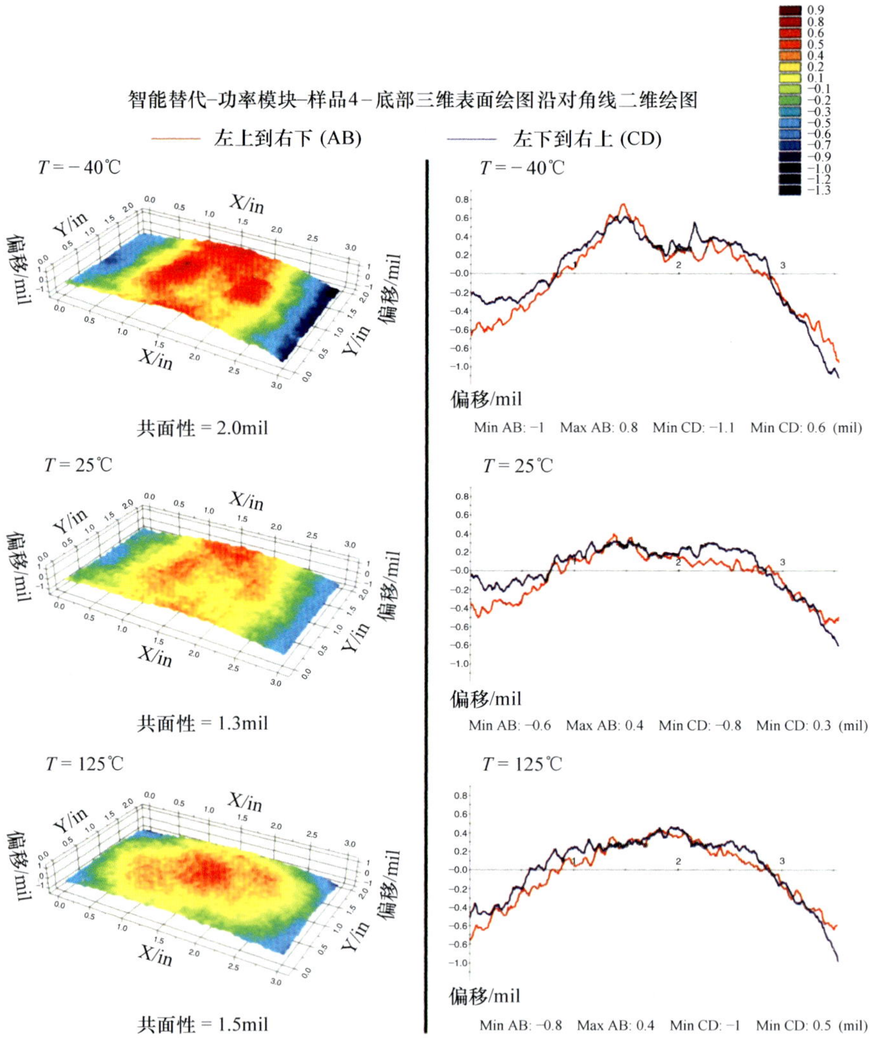

图 5.23 样品 4 的底部三维表面绘图、沿对角线二维绘图

国际电气工程先进技术译丛

电力电子模块设计与制造

Power Electronic Modules Design and Manufacture

［美］盛永和（William W. Sheng）
罗纳德 P. 科利诺（Ronald P. Colino）著

梅云辉 宁圃奇 译

机 械 工 业 出 版 社

本书介绍了功率半导体模块的结构设计和关键材料，材料部分涵盖了当前功率半导体模块中使用的各种类型材料，包括连接材料、基板材料、底板材料、灌封材料、外壳材料和引线端子材料等。此外，本书还包含了制造工艺、测试技术、质量控制和可靠性失效机理分析。本书内容新颖，紧跟时代发展，重点围绕 IGBT 模块产品的设计与制造方面展开介绍，同时还综述了 IGBT 模块的最新研究进展。

本书的读者对象包括在校学生、功率半导体模块设计、封装、制造、测试和电力电子集成应用领域的工程技术人员及其他相关专业人员。本书适合高等院校有关专业用作教材或专业参考书，也可用作电力电子器件封装应用学术界和广大的功率半导体模块生产企业的工程技术人员的参考书。

译 者 序

本书是根据美国 William W. Sheng 和 Ronald P. Colino 所著的《Power Electronic Modules Design and Manufacture》翻译的。

作者 William W. Sheng 博士和 Ronald P. Colino 博士均是 Smart Relay Technology 公司的创始人，并曾分别担任此公司技术副总裁和公司总裁。他们都曾在通用电气公司工作并担任半导体技术相关部门经理。William W. Sheng 博士已在电子行业工作超过25年，一直从事固态继电器和功率半导体技术的研究，曾获得通用电气公司的技术发明奖，已发表许多学术论文并拥有多项专利。Ronald P. Colino 博士主要从事固态继电器、混合集成电路、MOS 集成电路和半导体存储器的设计和市场营销，在集成电路方面也拥有多项专利。

本书重点围绕 IGBT 模块，系统阐述了功率半导体模块的封装技术及关键材料，详细地介绍了它们的设计原理、制造工艺、测试技术、可靠性以及失效机理。书中介绍的模块封装材料涵盖了连接材料、基板材料、底板材料、灌封材料、外壳材料和引线端子材料等。书中还专门综述了 IGBT 模块的最新研究进展。本书对该专业的师生，以及从事功率半导体模块的研发人员、生产人员和应用技术人员都有较大帮助，值得学习参考。

本书前言、第 1 ~3 章和附录由天津大学材料科学与工程学院梅云辉副教授翻译，第 4 ~5 章由中国科学院电工研究所宁圃奇研究员翻译。限于译者水平，书中难免有误译和欠妥之处，敬请读者批评指正。

在本书的翻译出版过程中得到了美国弗吉尼亚理工大学材料系与电机系终身教授陆国权博士和中国科学院电工研究所温旭辉研究员的支持和指导，在此表示衷心感谢。天津大学和中国科学院电工研究所的译者也借此机会对研究生冯晶晶、李洁、王迪、陆盛昌等的协助表示感谢！

译 者

原书前言

功率半导体模块本质上是利用多种不同的技术将不同材料组装起来的一种功率电路。包括半导体连接技术、引线键合技术、绝缘灌封技术等。这些材料从绝缘体、导体和半导体再到无机材料和有机材料，涵盖范围很广。由于这些材料在不同的环境条件，电力工况和热应力状态下的响应迥异，因此选择合适的材料和装配工艺就显得尤为重要。因此，只有深入掌握这些材料的各项属性和工艺技术，才能制造出高性能和高可靠性的功率半导体模块。

设计并制造功率半导体模块需要综合利用各种技术，因此工程师们需要掌握以下基本知识：

- 半导体芯片；
- 热－电和热－力耦合管理；
- 陶瓷基板及其表面金属化；
- 金属底板；
- 焊料合金和回流焊技术；
- 焊料凸点技术；
- 塑料；
- 功率端子；
- 化学清洗技术：
- 超声波铝线键合；
- 环氧树脂和表面包覆；
- 环境约束；
- 电气，热，机械测试；
- 监测技术和工具；
- 分析技术和工具；
- 可靠性、统计性过程控制、高加速寿命测试（HALT）、高加速应力筛选（HASS）以及寿命测试；
- 设备需求；
- 条形码或二维码。

多样性的知识要求意味着挑战。本书旨在满足快速壮大的功率半导体模块产品的工程师队伍在以上知识的需求。当然我们无法仅仅靠这一本书去涵盖上述每项技术的所有细节。因此，基于作者以往的经验，本书将主要呈现每项技术的基本要素。这些要素涵盖了所需的基础知识或者基本原理。

由于IGBT（绝缘栅双极型晶体管）模块在电力行业尤其是在发电、电力转换、UPS（不间断电源）、焊接、机器人、机动车、交/直流电机驱动等领域中变得越来越重要，导致其近年来广受关注。尽管IGBT模块的部分技术也能通用于其他种类的功率半导体模块，但鉴于IGBT的日益普及，本书内容将重点围绕IGBT模块展开。目前绝大多数的功率半导体制造厂商（OEM）要么已经能生产IGBT模块产品，要么也已积极在从事IGBT模块产品的研发。

目前许多研究型大学在此领域已开展大量的研究，已有大量的学术论文在各类期刊和电力电子相关学术会议上发表。这些研究论文提供了许多非常有价值的信息，不过这些信息相对分散。因此，本书作者们综述了IGBT模块最新的研究进展，希望能为功率半导体模块的设计和制造提供技术支撑。

尽管本书专门讨论了IGBT模块的热管理技术，但是其中所涉及的知识总体上也适用于绝大多数其他电子产品的热管理。由于功能种类和功率密度要求在电子工业中几乎所有层面都在不断增加，导致热管理技术对于半导体器件的长期服役可靠性至关重要。这其中涵盖低至消费电子产品，高至军事/航空航天应用的电子产品。应用领域涉及射频发射器、手机、微处理器、存储器、机动车辆、便携式/手持式电子器件等。本书提供的信息适用于上述但不局限于以上领域的更多电子产品。

本书主要分为三部分：

- 材料；
- 制造工艺及质量控制；
- 设计和结果。

为保证读者可以将本书中的信息直接用于自身的学习和工作当中，书中所有章节内容均侧重与生产实际和应用需求相结合。

作者再次声明，本书中所列出的所有材料和装备供应商或者相关周边服务的公司仅作为参考，作者并无任何个人倾向或变相宣传的意图。

本书旨在服务于：

- 功率半导体模块的设计，工艺，质量控制和应用工程师；
- 功率电子领域的专业研究人员和高校学生。

目　　录

第 1 章　功率模块概述

常规的功率半导体模块主要包括四个叠层（见图 1.1 所示）：

- 功率半导体芯片；
- 绝缘衬底及金属化（电路导体）；
- 底板；
- 互连材料。

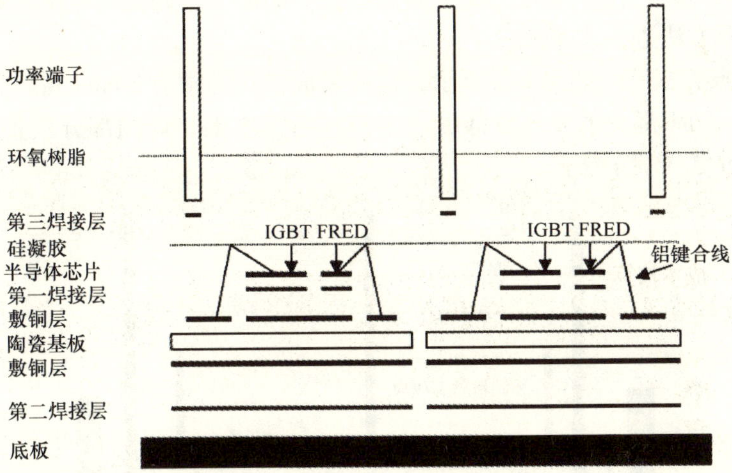

图 1.1　IGBT 芯片功率模块的结构

每个叠层由不同的材料构成：

- **功率半导体芯片**（如绝缘栅双极型晶体管（Insulated Gate Bipolar Transistor，IGBT）、快恢复外延二极管（Fast Recovery Epitaxial Diode，FRED）、金属氧化物场效应晶体管（MOSFET）、晶闸管、功率二极管等）主要由硅材料组成；
- **绝缘衬底**主要由陶瓷或者硅化合物构成绝缘层，上面覆盖由金、银、铜等构成的金属层；
- **底板**一般由铜、铜合金、碳基强化混合物、碳化硅铝等构成；
- **互连材料**一般分为含铅焊锡和无铅焊锡两类。

除此之外，功率模块还包括其他三层材料：

- **灌封材料**是一层包覆层，负责提供与外界的绝缘和机械支撑；
- 上表面**功率互连**主要使用铝线键合，还包括压接式连接和功率端子连接；
- **塑料管壳和端盖**主要使用耐热的塑料材料等。

每层材料都和其他层紧密贴合在一起，因为它们具有不同的电气、热机性能，设计时的对比选择对于合格的功率模块来说是至关重要的。

材料选择是基于材料的热学特性、电气特性、机械特性和化学特性进行的，还需要考虑材料的成本和技术成熟度等因素，综合分析得到最终设计。

普通的功率模块通过集成驱动控制电路，可以构成智能模块（Intelligent Power Module，IPM）。常规的 IPM 包括两部分：

- **功率部分**：为功率器件对大电流和大电压进行开关操作提供能量；
- **控制（或称智能）部分**：由低压小功率的集成芯片构成，提供驱动、热保护、短路保护等功能。

功率部分通过封装技术集成在基板和底板上，为了减少成本和隔离由功率芯片产生的热损耗，控制部分一般集成在另一块基板上，如较为廉价的 PCB。两部分通过以下方法进一步集成：

- 经典方式[1,2]如图 1.2 所示，这种集成模块通常有 30mm 高，分为两层或者更多层，功率部分放置在较低层，连接在热沉之上，控制部分放置在较高层，两部分通过电气端子连接；

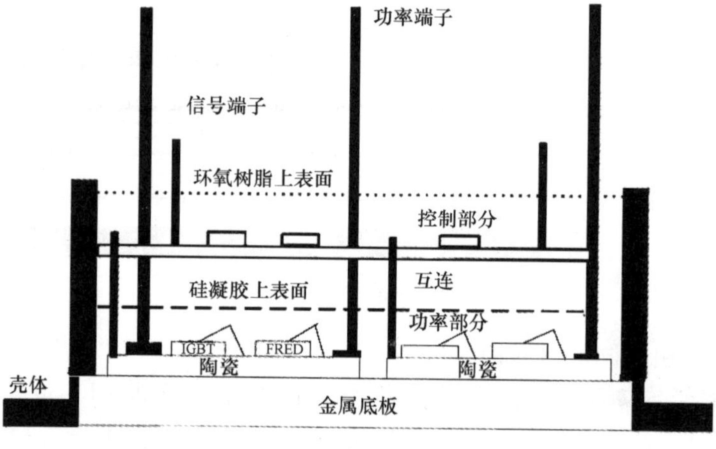

图 1.2　传统含两级封装的功率模块

- Econo - pack 功率模块[3,4]如图 1.3 所示，这种集成模块通常只有 12mm 高，只有功率部分，通过相应的端子与外面的 PCB 等控制部分相连接。

在以上两种结构中，这两部分的生产和组装较为类似。根据不同的应用，控制部分的封装形式和具体参数设定可能有较大的差别。与此不同的是，功率部分可以由固定的电路连接形式和电压、电流等级确定标准的封装形式，构成电能转换的最基本单元。功率部分的成本也占据了整个模块成本的主要部分。

本书第 3 ~5 章集中介绍了功率部分的设计和生产，各章主题如下：

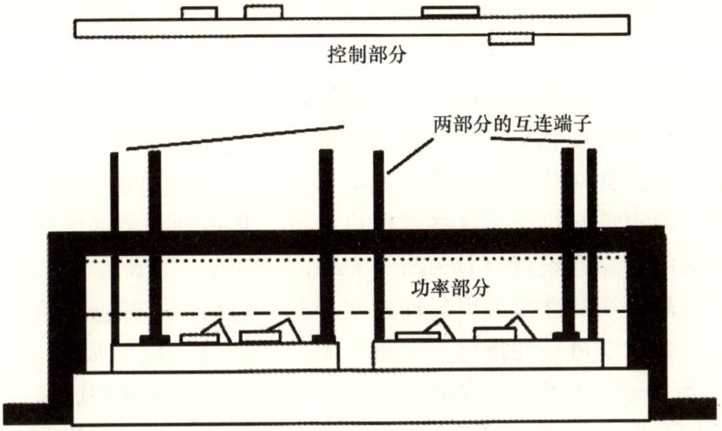

图 1.3　Econo－pack 功率模块

- **第 3 章**介绍了封装材料；
- **第 4 章**介绍了生产过程和质量控制；
- **第 5 章**介绍了设计和结果对比。

第 3 章主要分析了材料和它们的重要参数，通过列表的方式介绍了电特气性、机械特性、热学特性和化学特性。本章分别介绍了传统常规的材料和新近发展的材料，比如在介绍焊锡时，既分析了常规的 63% 锡 37% 铅焊锡，又介绍了最近流行的无铅焊——锡 96% 锡 3.5% 银 0.5% 铜。按照模块生产所需的高性能、高质量、低成本等要求，制定了相应的评价标准，根据材料的特性进行了详细比较，分析了不同备选项的优势和劣势。其中不少分析对于制造商也具有指导性建议，通过改进能够制造出比现有市场产品更加优越的模块。

第 4 章主要介绍了生产的过程和质量控制，首先分析了制造商生产 IGBT 模块中最需要重视的环节，比如：

- IGBT 芯片的分类和归组；
- 清洁技术；
- 焊接技术；
- 铝线键合技术和焊球连接技术；
- 电、热电、热机测试。

由于这些成熟的技术还在不断进步，该章的介绍不仅涵盖了基础，也分析了这些领域最新的技术进步。除此之外，该章还介绍了全焊接技术，由于具有良好的特性，这种技术能够给制造商带来新的机遇。

之后该章讲解质量控制的内容，分为两部分：

- 过程控制：主要基于先进的监测技术、强大的监测工具和统计方法等；

• 长期可靠性：包括可靠性设计、高加速寿命测试、高加速应力筛选和失效分析。

这两部分分析了生产过程的关键要素和相应的监测技术，基于生产线对监测位置进行了相应选择。利用先进和技术和强大的工具可以得到宏观角度或微观角度的有效数据，比如对功率焊接叠层的非破坏性的热机监测、表面清洁度监测、对于焊接层的超声波扫描等，这些数据可以进一步得到相关的统计规律。

功率模块的可靠性设计（Designed for Reliability，DFR）主要是基于最佳的设计实践、提高模块的性能和可靠性来实现的。包括出厂筛选检验合格产品，以及寿命测试得到长期可靠性指标。筛选主要使用高加速应力筛选（Highly Accelerated Stress Screen，HASS）、寿命测试使用时间对数性压缩等计算方法，在设计阶段参考高加速寿命测试（Highly Accelerated Life Testing，HALT）结果，分析确定模块是否满足长期可靠性目标。之后通过失效分析进一步改进生产过程使可靠性提高。

第4章在结束的时候详细介绍了两个生产过程，一个是标准生产过程，另一个是全焊接技术的生产过程。

所有重要的生产信息都可以用壳体上粘贴条形码或二维码来标示，如生产批次、生产日期、电气特性和热特性等，之后用户通过简单的扫码操作就能获得相关生产信息。

第5章以车用200A，1200V双芯片半桥模块为例，介绍了IGBT功率模块的设计过程。其中分为三步，第一步是热设计，分析了焊接叠层结构中各层的导热性能和热应力状况。之后两步主要进行布局设计，第二步按照电路连接进行区域划分，第三步按照设计规则和参考进行相关布局。通过第3章的材料分析和第4章的过程分析得到的四种备选设计，在第5章中得到了进一步的理论分析和制造结果分析。通过列写备选项的详细测试数据和特性对比，希望能够对读者的实际设计有所帮助。

虽然本书主要介绍了IGBT功率模块的设计和生产，但是其中的重要结论和结果分析可以通用于其他功率模块。

参考文献

1. Powerex, Inc., *Power Transistor Module and Accessory Product Guide*, 7th edition, 2000.
2. Advance Power Technology, Inc., Application Specific Power Modules — ASPM, *APT Catalog*, 1997.
3. Minzer, M. and Hamkamp, M., Econo pack — a new IGBT module for optimized inverter solutions, *Eupec Report*, Aug. 2000.
4. Richard, J. and Haase, F., Improved IGBT structure allows P.C. board-mounted modules, *Power Conversion & Intelligent Motion*, Aug. 1997.

第 2 章　功率模块材料选择要点

选择功率模块材料时需要注意分析以下因素：

- 热特性；
- 电气特性；
- 机械特性；
- 化学特性；
- 成本；
- 技术成熟度。

其中热性能是最主要的因素，因为

- **热应力**：在热疲劳测试和温度循环测试中，加热时各层会更紧密地接触，由于各种材料的热膨胀系数不同导致热应力的产生。如果热应力超过材料的机械强度限制就将产生断裂失效。
- **热导率**：在运行的时候，半导体功率芯片会产生大量的热损耗，需要通过基板和底板进行有效的传输，以保证芯片的结温被控制在一定的范围内。通常来讲，较低的芯片结温能延长模块的长期靠性。功率模块的失效概率会随着结温上升范围的增加而大幅增加，每上升 9°C，失效概率会增加一倍。因此模块必须进行良好的热设计[1-5]。

材料的选择是一个不断迭代的过程，每一部分对热特性、电气特性、机械特性和化学特性的需求主要参考以下因素：

- 理论计算和分析；
- 不同供货商的原料分析；
- 已发表的公开信息；
- 过去的经验。

对于每一类材料，本书分析了常规材料和新进出现的材料，列出了它们的热特性、电气特性、机械特性、化学特性、技术成熟度和成本。从这些列表中可以选出若干组可以满足所有需求或者大部分需求的材料组合，可以根据图 1.1 所示的焊接叠层结构进行热导率和热应力分析，之后不断进行局部调整直到理论计算应力和结温达到所需的标准。图 2.1 描绘了这一过程，基于这一过程，本书在第 5 章对不同的焊接叠层结构进行了详细分析。

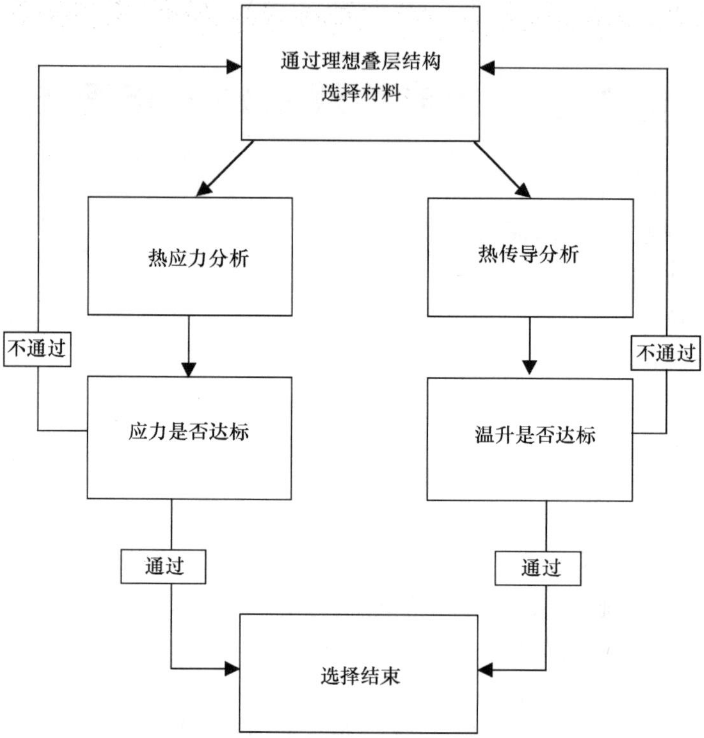

图 2.1 材料的选择过程（包括衬底、金属化材料、底板、功率半导体芯片、互连材料）

参 考 文 献

1. Sergent, J.E. and Krum, A., *Thermal Management Handbook for Electronic Assemblies*, McGraw-Hill, New York, 1998.
2. Harper, C.A., *Electronics Packaging and Interconnection Handbook*, 2nd edition, McGraw-Hill, New York, 1997.
3. Licari, J.L. and Enlow, L.R., *Hybrid Microcircuit Technology Handbook*, 2nd edition, Noyes Publishing, Park Ridge, NJ, 1998.
4. Robins, M., Thermal management materials and design, *Electronic Packaging and Production*, Oct. 2000.
5. Motorola, Inc., Thermal modeling and management of discrete surface mount packages, *Motorola Report*, 1996.

第3章　材　　料

3.1　绝缘衬底和金属化

绝缘衬底是作为功率模块机械支撑的结构[1]，需要能够耐受不同的工作环境。绝缘衬底主要作为芯片的底座，同时，在绝缘衬底上沉积导电材料、绝缘材料和阻性材料的表面，还能形成无源电路元器件。为防止短路，衬底还具有隔断各个导电通路的能力，绝缘衬底应能承受端子与壳体间2500V、频率为50～60Hz的交流电压，并有足够的热导率能将器件产生的热量快速传递出去。

此外，薄膜的附着力、导线的细度和间距等方面对绝缘衬底的表面粗糙度有很高的要求，在丝网印刷等过程中，平整的表面可以减少工艺过程中出现的问题。不平整的表面会造成底板的受压不均，将导致微裂纹和局部热导率降低。

3.1.1　衬底材料的选择标准

选择适合电力电子应用的衬底材料所要考虑的因素包括材料的电气特性、热特性、机械特性和化学特性[2,3]。

- 电气特性：
  - — 高体电阻率（大于$10^{12}\Omega$/cm）；
  - — 高介电强度（大于200V/mil㊀）；
  - — 低介电常数（小于15）。
- 热特性：
  - — 高热导率（有效的热传导大于30W/m·K）；
  - — 与功率半导体芯片的热膨胀系数匹配（选择热膨胀系数在2～6ppm㊁/℃之间以使热应力降到最低，同时能与Si的2.8ppm/℃相匹配）；
  - — 高耐温（能承受直接敷铜工艺以及钎焊作业过程中大于1000℃的高温）。
- 机械特性：

㊀ 1mil = 0.0254mm。

㊁ 1ppm = 1×10^{-6}。

— 高抗拉强度（大于200MPa）；
— 高抗弯强度（大于200MPa）；
— 尺寸稳定性——硬度；
— 机械加工性——易于磨削、抛光、切削和钻孔加工；
— 表面粗糙度㊀低（小于1μm）——在未经过热处理情况下，应被磨削加工到这个标准；
— 可金属化—适用于各种常用的金属化技术：
  - ◆ 薄膜；
  - ◆ 厚膜；
  - ◆ 电镀铜；
  - ◆ 直接敷铜；
  - ◆ 活化钎焊覆铜；
  - ◆ 常规硬钎焊敷铜法。
- 化学特性：
— 耐酸、碱及其他工艺溶液的腐蚀；
— 低吸水率，空隙小；
— 无毒性；
— 不会等离子化。
- 密度/重量：
— 低密度—机械冲击最小化。
- 成熟度：
— 技术；
— 材料供应商。
- 成本：
— 尽可能接近氧化铝的成本。

3.1.2　绝缘衬底列表

半导体行业多采用基于不同材料的绝缘衬底[2-4]，以下是一些常见的材料及其分类：

- 陶瓷材料用作绝缘衬底：
— 氧化铝（$Al_2O_3$96%或99%）；
— 氮化铝（AlN）；

㊀ 此处指美国标准的中的术语“表面光洁度（surface finish）”，取值方式为Ra。后文中提到的“表面粗糙度”也同样是这个意思。

— 氧化铍（BeO）；

— 氮化硼（BN，hex）；

— 堇青石；

— 镁橄榄石；

— 富铝红柱石；

— 滑石；

— 钛酸盐。

- 玻璃衬底：

— 硼硅玻璃。

- 蓝宝石衬底：

— 蓝宝石。

- 石英衬底：

— 石英。

- 硅基衬底：

— SiN；

— SiO；

— Si_3N_4。

- 以金属为核心的衬底：

— 具有绝缘层的金属衬底（Insulated Metal Substrates，IMS）。

- 金刚石衬底：

— 钻石（化学气相沉积获得的多晶金刚石衬底）

表3.1～表3.5列出了上述绝缘衬底的典型特性[1-20]，分别如下：

- 机械特性；
- 热特性；
- 电气特性；
- 化学特性；
- 其他特性。

表3.1　绝缘衬底的机械特性

材料	抗拉强度/MPa	抗弯强度/MPa	弹性模量/GPa	硬度	表面粗糙度/μm	密度/(kg/m^3)
陶瓷基						
Al_2O_3（96%）	127.4	317	310.3	2000K	1.0	3970
Al_2O_3（99%）	206.9	345	345	9MH	1.0	3970
AlN	310	360	310	1200K	1.0	3260

（续）

材料	抗拉强度/MPa	抗弯强度/MPa	弹性模量/GPa	硬度	表面粗糙度/μm	密度/(kg/m³)
陶瓷基						
BeO	230	250	345	100K	15	3000
BN（hex）		110				2200
堇青石	55	10	14			1600
镁橄榄石	55	124	90			2700
富铝红柱石		125	175			
滑石	55	110	90			2500
钛酸盐	28	69	69			3500
玻璃基						
硼硅酸盐		50	9		1.0	2280
蓝宝石基						
蓝宝石	399		430	9MH	1.0	3990
石英基						
石英	48	140	72	5MH	1.0	2200
硅基						
SiC	17	440	412			3160
SiO_2	96	30	69			2190
Si_3N_4	96	932	314			2400
以金属为核心的衬底						
具有绝缘层的金属衬底	392	6				2700
金刚石基						
化学气相沉积获得的多晶金刚石衬底		1000	1180	7500K	<1.0	3500

注：MH 为莫氏硬度单位，K 为努氏硬度单位。

表 3.2　绝缘衬底的热特性

材料	热导率 /(W/m · K)	热膨胀系数 /(ppm/℃)	热容 /(J/kg · ℃)	最高允许使用温度/℃	熔点 /℃
陶瓷基					
Al_2O_3(96%)	24	6.0	765	1600	2323
Al_2O_3(99%)	33	7.2	765	1600	2323
AlN	150 ~ 180	4.6	745	> 1000	2677
BeO	270	7.0	1047		2725
BN(hex)	60	3.8			
堇青石	4	3.0	770	1250	
镁橄榄石	4	11		1100	
富铝红柱石	6	4.2			
滑石	2.5	10.5		1100	
钛酸盐	4	10	700		
玻璃基					
硼硅酸盐	2	3.2			
蓝宝石基					
蓝宝石	41.7	7.3	735		
石英基					
石英	96	932	314		
硅基					
SiC	120	4.6	675	> 1000	3100
SiO_2	1.5	0.6		> 800	
Si_3N_4	70	3.0	691	> 1000	2173
以金属为核心的衬底					
具有绝缘层的金属衬底	4	25			
金刚石基					
化学气相沉积获得的多晶金刚石衬底	2000(Z) 1400(X,Y)	1	509	600℃以下抗氧化	

表 3.3 绝缘衬底的电气特性

材料	电阻率/(Ω·cm)	介电强度/(kV/mm)	频率为 1MHz 时的介电常数
陶瓷基			
Al_2O_3（96%）	$>10^{14}$	12	9.2
Al_2O_3（99%）	$>10^{14}$	12	9.9
AlN	$>10^{14}$	15	8.9
BeO	$>10^{14}$	12	6.7
BN（hex）			4.1
堇青石	$10^6 \sim 10^{14}$		
镁橄榄石	$10^{10} \sim 10^{12}$	7.9 ~ 11.8	6.2
富铝红柱石	$>10^{12}$		
滑石	$10^{11} \sim 10^{13}$	7.9 ~ 15.7	5.5 ~ 7.5
钛酸盐	$10^6 \sim 10^{13}$	2.0 ~ 11.8	15
玻璃基			
硼硅酸盐	$>10^{14}$		3.7
蓝宝石基			
蓝宝石	$>10^{14}$	48	10.4
石英基			
石英	10^{10}	16.1	3.8
硅基			
SiC	$>10^{11}$		20 ~ 42
SiO_2	$>10^{14}$		3.5 ~ 4
Si_3N_4	$>10^{10}$	10	6 ~ 10
以金属为核心的衬底			
具有绝缘层的金属衬底	$>10^{13}$		
金刚石基			
化学气相沉积获得的多晶金刚石衬底	$>10^{11}$	>100	5.7

表3.4 绝缘衬底的化学特性

材料	湿气吸收率（%）	硝酸含量	硫酸含量(失重量 mg/cm^2day)	苛性钠含量	毒性
陶瓷基					
Al_2O_3（96%）	0				无
Al_2O_3（99%）	0	0.05	0.22	0.04	无
AlN	0				无
BeO	0				有
BN（hex）	0				无
堇青石	27				无
镁橄榄石	0				无
富铝红柱石	5~15				无
滑石	0				无
钛酸盐	0				无
玻璃基					
硼硅酸盐	0				无
蓝宝石基					
蓝宝石	0	0	0	0	无
石英基					
石英	0	0	0	0	无
硅基					
SiC	0	0.04	0.01	0	无
SiO_2	0				无
Si_3N_4	0	1.00	0.40	0.36	无
以金属为核心的衬底					
具有绝缘层的金属衬底	0				无
金刚石基					
化学气相沉积获得的多晶金刚石衬底	0	0	0	0	无

表 3.5 绝缘衬底的其他特性

材料	可金属化（上文列举的几种）	可加工性（上文列举的几种加工技术）	相对成本
陶瓷基			
Al_2O_3（96%）	除薄膜技术外	好	1×
Al_2O_3（99%）	所有	好	2×
AlN	除厚膜技术	好	4×
BeO	所有	好	5×
BN（hex）	无	好	
堇青石	厚膜技术	好	0.6×
镁橄榄石	厚膜技术	好	1×
富铝红柱石	厚膜技术	好	1×
滑石	厚膜技术	好	0.8×
钛酸盐	厚膜技术	好	2×
玻璃基			
硼硅酸盐	薄膜技术	一般	1×
蓝宝石基			
蓝宝石	薄膜技术	一般	10×
石英基			
石英	薄膜技术	一般	8×
硅基			
SiC	无	一般	4×
SiO_2		好	
Si_3N_4	所有	好	2.5×
以金属为核心的衬底			
具有绝缘层的金属衬底	厚膜和薄膜技术	好	
金刚石基			
化学气相沉积获得的多晶金刚石衬底	厚膜和薄膜技术	好	高

3.1.3 绝缘衬底材料的选择

在对上述表格中的材料进行比对和分析后，有以下四种材料可以应用于功率半导体器件应用中：

- 陶瓷材料用作绝缘衬底：
  - Al_2O_3（96%，99%）；
  - AlN；
  - BeO。
- 硅基衬底：

— Si_3N_4。

如果符合以下条件，化学气相沉积获得的多晶金刚石衬底也成为备选材料：

- 可镀较厚的铜层；
- 可降低成本。

在下面章节中，将重点比较和分析以上几种材料的优势与劣势。

3.1.3.1　氧化铝材料（96%，99%）

- 优势：

— 是绝缘衬底最常用的材料，因此工艺也最成熟；

— 成本低，每平方厘米：96%——0.1 美元；99%——0.2 美元；

— 性能达到要求：机械特性、热特性、电特性、化学特性；

— 易于表层处理：薄膜金属化技术，厚膜金属化技术，电镀铜技术，DBC，ABC、RBC；

— 加工性好；

— 无毒性；

— 气体无渗透；

— 无吸水率；

— 曲率 0.003in/1in；

— 工艺成熟；

— 尺寸稳定。

- 劣势：

— 导热系数只有 30W/K · m，适用于中低功率器件，但无法满足较大功率器件的应用要求。比如，在 25mil（1mil 为 1in 的 1/1000，即 25.4μm）厚氧化铝衬底两面分别敷 10mil 厚铜层，之后在此多层衬底上连接 0.4mm × 0.4mm 的 IGBT 芯片，整体热阻将达到 0.3℃/W。当芯片工作允许温升为 30℃时，芯片的最大工作电流被限制在 30 ~ 40A。但是此芯片的标称工作电流大约为 75A，这种封装结构将无法充分发挥芯片的工作能力。

— 与硅基芯片的热膨胀系数不匹配——Al_2O_3 的热膨胀系数为 6.0 ~ 7.2ppm/℃而 Si 的热膨胀系数为 2.8ppm/℃。

— 高介电常数。

— 抗酸性腐蚀性能一般。

- 结论：

— 适合中、低功率的器件；

— 适合高压和低成本器件；

— 适用于密封封装；

— 对于电力电子领域，99% Al_2O_3比 96% Al_2O_3的性价比更高；
— 如果需要严格控制成本，可以考虑采用较薄的 Al_2O_3（10mil）衬底，两面分别敷铜（8mil）。降低厚度可以一定程度上抑制低导热系数的影响。但也会造成衬底击穿电压（V_{ISO}）和机械强度的下降。

3.1.3.2 氮化铝（AlN）

- 优势：
  — 热导率高，约为 Al_2O_3的 6 倍；
  — 非常适合大功率半导体器件的应用；
  — 与硅的热膨胀系数匹配好：AlN 的热膨胀系数为 4.6ppm/℃，而 Si 的热膨胀系数为 2.8ppm/℃；
  — 性能达到要求；
  — 易于实现机械自动化；
  — 无毒性；
  — 气体无渗透；
  — 零吸湿率；
  — 对大多数化学药剂无反应；
  — 曲率 0.003in/1in；
  — 尺寸稳定。
- 劣势：
  — 是一种新材料，但与 Al_2O_3和氧化铍（BeO）相比工艺不成熟；
  — 在 AlN 表面进行直接敷铜难度大，易发生热疲劳失效；
  — 相对于于 Al_2O_3，厚膜金属化工艺不具有复验性和足够的可靠性；
  — 价格是 Al_2O_3的 4 倍；
  — 抗碱性腐蚀弱，一般需要特殊的清理剂；
  — 在较高温度和较大湿度下可能会分解为水合氧化铝。
- 结论：
  — 适合大功率半导体器件应用的理想衬底之一；
  — 由于其机械断裂强度一般，因此应用时需要与金属底板配合使用。如果没有金属底板支撑而直接应用，衬底厚度则必须达到 80mil 以上；
  — 热疲劳性能主要取决于以下几个因素：
    ◆ AlN 衬底上敷接铜箔的工艺；
    ◆ 铜箔的设计；
    ◆ 衬底整体厚度。
- 必须特别注意合适供应商的选择。

3.1.3.3 氧化铍（BeO）

- 优势：
  - — 极优异的热导率，是 Al_2O_3的 8 倍；
  - — 适合大功率半导体器件的应用；
  - — 工艺成熟；
  - — 热学特性、电气特性、以及其他化学特性符合要求，与 Al_2O_3相当；
  - — 易于金属化，例如薄膜技术，厚膜技术，电镀铜，DBC，ABC，RBC；
  - — 气体无渗透；
  - — 零吸湿率；
  - — 工艺成熟；
  - — 尺寸稳定。
- 劣势：
  - — 无论是固态粉末还是气态都有毒性：
    - ◆ 进行切削，钻孔等机械工艺制造时，必须由专业人员进行操作；
    - ◆ 材料进行处理时会产生很大的环境污染；
  - — 供应商有限；
  - — 与 Si 的热膨胀系数不匹配，BeO 的热膨胀系数为 7.0ppm/℃，而 Si 的热膨胀系数为 2.8ppm/℃；
  - — 机械特性较差，机械强度只有 Al_2O_3的 60%；
  - — 成本是 Al_2O_3的 5 倍。
- 结论：
  - — 可用于国防工业；
  - — 可用于常规热管理策略无法实现的特殊应用场合。

3.1.3.4 氮化硅（Si_3N_4）—烧结态

- 优势：
  - — 与硅的热膨胀系数完美匹配，Si_3N_4的热膨胀系数为 3.0ppm/℃而 Si 的热膨胀系数为 2.8ppm/℃；
  - — 机械性能优：
    - ◆ 机械强度是 Al_2O_3和 AlN 的 2 倍以上，是 BeO 的 3 倍；
  - — 热导率高，是 Al_2O_3的 2.5 倍；
  - — 适用于大功率半导体器件应用；
  - — 热学特性和电气特性符合基本应用要求（与 Al_2O_3相当）；
  - — 易于金属化，例如薄膜镀层、厚膜镀层、电镀铜、DBC、ABC、RBC；
  - — 易于加工成形；
  - — 无毒性；

— 气体无渗透；
— 零吸湿率；
— 抗蠕变疲劳；
— 高温强度高；
— 优良的抗热震性；
— 尺寸稳定。

- 劣势：

— 新材料，所以技术相对不成熟，在电力电子领域的应用还处于起步阶段；
— 供应商有限；
— 不适于在酸性环境中应用；
— 是 Al_2O_3价格的 2 ~2.5 倍。

- 结论：

— 当用量增加后，成本有望降低；
— 对大功率半导体器件应用来说，可能是目前最优衬底材料，无需金属底板配合使用。因此，电力电子芯片可以直接与衬底上表面连接，而衬底下表面则可以加工成鳍片结构，达到提高散热效率的目的。通过这种方式，可实现散热器与衬底的直接集成，不再需要机械加压或热界面材料辅助[21]。
— 适合对可靠性要求高的应用场合。

表 3.6 列出了部分陶瓷衬底的供应商。

表 3.6 陶瓷衬底的供应商

供应商	96% Al_2O_3	99% Al_2O_3	AlN	BeO	Si_3N_4
Brush Wellman	无	无		无	
Carborumdum	无	无	无		
Ceramdyne	无	无		无	无
Ceram Tec	无	无	无		
Coors	无	无		无	
Curamik	无	无	无		
Denka	无	无	无		无
Insaco	无	无			
Kyocera	无	无	无		无
Lambertvile	无	无			
NGK	无	无			无
Stellar			无	无	
Wesgo (Morgan Advanced Ceramics)	无	无	无		无

3.1.4 绝缘衬底表面金属化

对功率半导体器件应用而言。绝缘衬底表面的金属化薄膜必须满足以下要求：

- 热特性：
  - — 高热导率（>200W/K·m）；
  - — 与绝缘衬底的热膨胀系数匹配；
  - — 高热疲劳抗性，即在 40～100℃之间循环 1000 次以上时，与衬底界面处不出现缺陷；
  - — 高热稳定性，即能耐 1000℃以上高温，适应直接敷金属和钎焊操作。
- 电气特性：
  - — 载流能力强；
  - — 低电阻率：通常情况下，通过金属镀膜的电压降不能超过 IGBT 集电极与发射集之间的饱和电压的 1/10。
- 机械特性：
  - — 与衬底的附着力强，即抗剥离强度高；
  - — 适合铝线键合；
  - — 适合焊接（如 95Pb/5Sn 等）；
  - — 与前述四种绝缘衬底兼容，即 Al_2O_3、AlN、BeO 和 Si_3N_4；
  - — 与现有工艺设备兼容。
- 化学特性：
  - — 易于刻蚀成形（对于金属厚膜不作要求）；
  - — 不与工艺过程中的溶剂反应；
  - — 无毒性；
  - — 抗腐蚀性良好；
  - — 化学惰性。
- 成本：
  - — 低。

3.1.5 金属化的种类

3.1.5.1 表面金属化技术

绝缘衬底一般采用表 3.7 中所列出的方法进行金属化。

表 3.7 表面金属化技术

厚膜	薄膜	金属敷铜
聚合物	溅射	镀铜
金属陶瓷	蒸发	直接敷铜
金	金	活化钎焊覆铜
银	银	常规硬钎焊敷铜法
铜	铜	
钯银	铝	
铂金		
铂银		
耐火材料		
钨		
钼		
钼锰		

3.1.5.2 表面金属化技术的种类

1. 厚膜金属化技术

厚膜电路通常是通过丝网印刷的方法将特别配制的焊锡膏印制在衬底上，然后进行干燥，最后在高温下烧结成形。焊锡膏可以制作导体、电阻、电容、电感、熔断器、压敏电阻、瞬态电压抑制器或热敏电阻等形式。厚度一般介于0.5～2mil间。

以下是厚膜金属化的三种类别：

- 聚合体厚膜；
- 金属陶瓷厚膜；
- 耐火材料厚膜。

（1）聚合体厚膜

聚合体厚膜采用高分子树脂混合导电、阻性或是绝缘颗粒，在85～300℃的范围内进行固化，通常固化温度为120～165℃。这种金属化方法的成本很低，但被限制在低温下进行使用，广泛应用于塑料或有机衬底。

（2）厚膜金属陶瓷

最常用的一种厚膜金属化，适用于陶瓷和硅基衬底。包含以下几组成分：

- 活性组分——有助于膜成形；
- 黏结组分——提供与衬底之间的黏结力；
- 有机黏结剂——为丝网印刷提供足够的流动性；
- 溶剂或稀释剂——调整黏度。

此混合材料的成形温度介于850～1000℃。厚膜与衬底的附着力较优，但抗热疲劳性能一般。表3.8中列出了常用的厚膜材料。

表 3.8　常用的厚膜材料

材料	电阻率 ρ（mΩ/□）
金	3
银	1
铜	2
钯银	30
钯金	50
铂金	50

各种材料的最大允许电流可以通过下列参数计算获得：

- 金属化镀膜的横截面积；
- 每种材料允许的最大功耗。

例如：

- AlO 衬底——4W/cm^2；
- BeO 衬底——80W/cm^2；
- AlN 和 Si_3N_4衬底介于以上两个功耗值之间。

常见的厚膜厚度是 0.5mil 或 12μm，它的最大电流承受能力大约为几安培。

（3）耐火厚膜

耐火厚膜是一种能承受高温的特殊金属陶瓷厚膜，通常在 1500～1600℃的还原气氛中进行热处理。膜与衬底之间的附着力很强，并且膜的热疲劳强度很高。常用的耐火厚膜材料是钨和钼（见表 3.9）。这些材料的最大载流能力被限制在 1～2A。

表 3.9　常用的耐火厚膜材料

耐火厚膜材料	电阻率 ρ/（mΩ/□）
钨	22～32
钼	15

2. 薄膜

薄膜电路一般通过在衬底的整个表面上进行溅射或物理气相沉积的方式形成，薄膜层经过灌封材料、曝光、蚀刻获得设计的样式。薄膜技术比厚膜技术可以实现更精度的定位和更微小间距，因非常适合于高频、高密度的应用。薄膜层与衬底间的结合力很强，而且具有优异的抗热疲劳老化的能力，同时与金属引线的键合能力也优于厚膜。

但是，局限于人力和专业设备的成本，薄膜技术一般比厚膜技术贵 5～6 倍。同时，多层薄膜结构难度较大，成本很高。常用的薄膜金属材料包括以下几种：

- 金；
- 银；
- 铜；
- 铝。

通常薄膜层的厚度为 2.5μm，甚至更薄。载流能力也限定在几至几十安培的水平。

3. 金属化敷铜技术

薄膜技术和厚膜技术都有金属化厚度的限制，通常都限定在 25μm 以内。这也就导致它们的载流能力有限。

金属化敷铜技术具有以下三个优点：

- 增加金属化层的厚度；
- 提高金属化层载流能力；
- 提高导热效率。

可以通过以下四种基本方法实现：

- 电镀铜；
- 直接敷铜；
- 活化钎焊覆铜；
- 常规硬钎焊敷铜法。

值得注意的是，由于金属化层厚度的增加，其热膨胀系数和绝缘衬底的不匹配程度也随之增大，见表 3.10。较大热失配将在热疲劳测试中产生显著的残余热应力，甚至导致微裂纹的产生。适宜的金属工艺设计和流程必须考虑如何减少或消除这些裂纹，需要对材料供应商进行仔细筛选。

此外，铜镀层还需解决结合难度高和化学性活泼的问题，一般要添加过渡层来提高结合力，并在铜表面增加 Ni 或 Au 作为保护层。

表 3.10　绝缘衬底和铜镀层的热膨胀系数

材料	CTE/(ppm/℃)
Al_2O_3(96%)	6.0
Al_2O_3(99%)	7.2
AlN	4.6
BeO	7.0
Si_3N_4	3.0
Cu	17.0

（1）电镀铜

该方法的要点是通过电镀技术在绝缘衬底表面电镀一定厚度的铜。首先需要通过厚膜工艺或薄膜工艺在衬底上沉积一层金属膜，通常用钼或锰做薄膜材料，用铜做厚膜材料。可以采用化学镀的方式将一层薄铜预镀在厚膜层或薄膜层表面，然后利用电镀技术继续沉积铜层。最后可将铜镀层在氮气中高温处理以提高结合力，热疲劳强度也可得到相应提高。目前，已有4mil厚的电镀铜衬底产品成功通过 $-55\sim150$℃的温度循环测试（1000次），检测实验表明无缺陷产生。

电镀铜层的最大厚度一般介于5~8mil，密度约为块体铜材的70%，可通过光刻方式获得精细的电路图案。如进一步增加镀层厚度，光刻方法虽然会造成蚀刻图案的精度下降，但载流能力可提高到50A左右。

（2）直接敷铜

该技术利用高温工艺实现铜和陶瓷的紧密直接连接，铜和陶瓷之间的连接界面不需要任何焊剂或其他任何催化剂。加工时，铜和陶瓷在氮气气氛中被加热到1070℃，略低于铜的熔点。在此温度下，铜氧化物薄膜可形成共熔晶体润湿连接界面，冷却后可以实现铜与陶瓷的紧密连接。

此种方法获得的金属化铜层的厚度通常介于8~20mil之间，可以通过光刻工艺获得设计的电路图案，但是精度不高。这种衬底表面的图案允许的最小线宽和间距为20mil，通常采用在衬底两面对称敷接铜层的方法来平衡热失配变形。

直接敷铜工艺首先需要一层氧化膜，AlN和 Si_3N_4 陶瓷必须先进行一定的工艺处理，通常采用125℃左右的氧化过程。过程中添加的氧气会沿晶界扩散，可能降低AlN和 Si_3N_4 的导热系数。

直接敷铜应用于功率封装有以下优点：

- 铜和陶瓷的连接体表现为一个具有均匀热膨胀系数的整体，其热膨胀系数比纯铜小很多，更接近于陶瓷。可以忽略应力损伤而直接将较大芯片与铜层连接在一起。
- 选用的铜材料纯度很高，无氧且导电能力强。选用合适的线宽和厚度，金属层可获得非常低的电阻，能承受100A以上的电流。
- 铜层的厚度保障了功率芯片的热传导。

（3）活化钎焊覆铜

活化钎焊覆铜技术利用焊料合金在铜和陶瓷之间形成黏合层。例如，可采用银、铜、钛和锆的焊料合金按72Ag：28Cu：3TiH2：3Zr的比例混合制得。

钎焊通常以黏结的形式实现，大多数产品使用丝网印刷技术。得到的钛钎焊层有优良的附着力和热循环强度。

活化钎焊覆铜已经广泛应用于AlN和 Si_3N_4 衬底中，而直接敷铜技术在这些材料上应用则较为困难。在直接敷铜过程中，氧气会进入界面区域，沿晶界扩散导致陶瓷的导热系数降低。同时，释放气体就必须采用具有空洞的铜箔，会导致电阻增大。使用活化钎焊覆铜代替直接敷铜的优点如下：

- 更强的黏合力；
- 更强的载流能力；

- 更高的热疲劳强度。

（4）常规硬钎焊敷铜

这种钎焊技术与活化钎焊覆铜相似，但是常规硬钎焊敷铜必须在真空环境下进行。通常首先到衬底上溅射一层薄银膜，并以黏结的方法将银合金焊料粘在该膜上，最后将铜箔覆盖在上面。将整体加热到焊料合金的熔点进行制造，钎焊后顶层的箔片可以被光刻成想要的样式。

经验表明钛基合金焊料可能活性过大而且导致钎焊界面不均匀。普通银基焊料更好控制而且能获得更均匀、黏结力更强的界面。

表 3.11 和表 3.12 对可用于绝缘衬底的不同的金属化敷铜技术进行了比较。

表 3.11　不同的绝缘衬底的表面金属化

金属化敷铜技术	Al_2O_3	AlN	BeO	Si_3N_4
薄膜技术	好	好	好	好
厚膜技术	好	一般	好	一般
电镀铜	好		好	
直接敷铜	好		好	
活化钎焊覆铜		好		好
常规硬钎焊敷铜		好		好

表 3.12　金属化敷铜技术比较

金属化敷铜技术	附着力	几何尺寸	制造性能	电气特性	热疲劳抗性	成本
薄膜技术	好	0.002 线 <0.005 厚	线易键合 焊接性一般	1～2A	好	高
厚膜技术	一般	0.010 线 >0.005 厚	线易键合 焊接性好	2～5A	一般	低
电镀铜	一般	0.004 线 0.005 厚	线易键合 焊接性好	50A	一般	一般
直接敷铜	好	0.020 线 普通 0.020 厚	线易键合 焊接性好	200A	Al_2O_3 和 BeO 材料好	低
活化钎焊敷铜，常规硬钎焊敷铜	好	0.020 线 普通 0.020 厚	线易键合 焊接性好	200A	AlN 和 Si_3N_4 材料好	低

对于 Al_2O_3 衬底上一段 40mil 宽，12mil 厚的导体，每增加 100A 工作电流，其温度上升 17℃。从表 3.11 中，可归纳出适于大功率半导体器件的镀层技术是：

- 直接敷铜技术；
- 活化钎焊敷铜技术；
- 常规硬钎焊敷铜法。

每平方英寸带厚 25mil 金属层的绝缘衬底成本估价见表 3.13。

表 3.13 每平方英寸绝缘衬底的总成本

绝缘衬底镀层	成本/(美元/in^2 ⊖)
Al_2O_3衬底直接敷铜层	1.00 ~ 1.50
Al_2O_3衬底电镀铜层	2.00 ~ 2.50
AlN 衬底活化钎焊敷铜层（常规硬钎焊敷铜层）	3.50 ~ 5.00
Si_3N_4衬底活化钎焊敷铜层	3.00 ~ 5.00

3.1.6 供货商

应当指出的是，以上几小节描述了金属层共同的特性，每一种产品都有独特的工艺特点和设计技巧，这些特性会影响它们的性能，尤其是热疲劳性能和成本。表 3.14 ~ 表 3.17 列出了各种产品的性能。这些信息是从出版刊物、会议和对话中总结出来的。

表 3.14 陶瓷衬底铜镀层的供应商

供应商	Al_2O_3	AlN	BeO	Si_3N_4
		电镀铜		
Remtec	• 96% • 1 ~ 10mil 厚 • 0.6 ~ 0.07m/□ • 最大电流 50A • 4mil 厚铜镀层能通过 − 55 ~ 150℃ 间循环 1000 次测试 • 10mil 厚铜镀层能通过 0 ~ 70℃ 间循环 1000 次测试 • 可用铝线和金线键合	• 99.5%	• 99.5% • 1 ~ 10mil 厚 • 0.6 ~ 0.07m/□ • 最大电流 50A • 可用铝线和金线键合	
Zecal	• 96% • 最大厚度 5mil • 0.5m/ • 无热疲劳强度数值			
Tech − Ceram	• 96% • 厚 1mil 的钨约厚 5mil 的铜 • 完美的热疲劳强度，无明确的数值		• 99.5% • 厚 1mil 的钨约厚 5mil 的铜 • 完美的热疲劳强度，无明确的数值	
Thermic Edge ZiMarc		• 99.5% AlN • 最大厚度 2mil • 0.7m/□ • 通过 65 ~ 150℃ 之间 10 次循环测验		

⊖ $1in^2 = 6.4516 \times 10^{-4} m^2$。

表 3.15 陶瓷衬底直接敷铜板供应商

供应商	Al_2O_3	AlN	BeO	Si_3N_4
直接敷铜				
Stellar Ind	• 96% • 25mil 厚衬底 • 5、8、10、12mil 厚铜层（Cu 编号：CPA110） • 25mil 厚衬底带双面 10mil 厚铜镀层，能通过 −40 ~ 125℃ 间循环 3000 次测试		• 99.5% • 25mil 厚衬底 • 5、8、10、12mil 厚铜层（Cu 编号：CPA110） • 25mil 厚衬底带双面 10mil 厚铜镀层，能通过 −40 ~ 125℃ 间循环 3000 次测试	
Brush Wellman	• 96% • 25，40mil 厚的基板最大尺寸为 5.4mm × 6.5mm • 8、10、12mil 厚铜镀层（Cu 编号：CDA101，102，110） • 40mil 厚衬底带双面 8mil 厚铜镀层，能通过 −65 ~ 125℃ 间循环 1000 次测试		• 99.5% • 25，40mil 厚的衬底最大尺寸为 2mm × 2mm • 8、10、12mil 厚铜镀层（Cu 编号：CDA101，102，110）	
Curamik	• 96% • 10、15、25、40mil 厚衬底最大尺寸为 5mm × 7mm • 8、12、16、20mil 厚铜镀层 • 25mil 厚衬底带双面 12mil 厚铜镀层，能通过 −45 ~ 130℃ 间循环 1000 次测试	• 99.9% AlN • 25、40mil 厚衬底 • 8、12、16mil 厚铜镀层 • 25mil 厚衬底带双面 12mil 厚铜镀层，能通过 −55 ~ 125℃ 间循环 1000 次测试（特殊的凹陷设计）		

表3.16 陶瓷衬底活化钎焊覆铜的供应商

供应商	Al_2O_3	AlN	BeO	Si_3N_4
活化钎焊覆铜				
Denka		• 99.5% • 16mil、25mil、40mil、80mil 厚衬底最大尺寸为3.5mm×4mm • 4~12mil 厚铜镀层 • 钎焊材料：Ag/Cu/TiH_2/Zr • 25mil 厚衬底带顶面12mil 厚铜镀层，底面6mil 厚铜镀层，能通过-40~125℃间循环3000次测试（利用冲击吸收层和特殊铜材料设计）		• 25mil 厚衬底最大尺寸为2.5mm×3.5mm • 8~12mil 厚铜镀层 • 钎焊材料：Ag/Cu/TiH_2/Zr • 25mil 厚衬底带顶面12mil 厚铜镀层，底面6mil 厚铜镀层，能通过-40~125℃间循环3000次测试
Stellar Ind		• 99.5% • 钎焊材料：Ti 合金 • 25mil 厚衬底带双面10mil 厚铜镀层，能通过-55~125℃间循环900次测试（Cu 编号：CDA110）		
Thermic Edge ZiMarc		• 99.5% AlN • 25mil、40mil 厚衬底最大尺寸为4mm×4mm • 5、8、10、12mil 厚铜镀层 • 钎焊材料：Ti 合金 • 25mil 厚衬底带顶面10mil 厚铜镀层，底面5mil 厚铜镀层能通过-40~125℃间循环1000次测试		

表 3.17 陶瓷衬底常规硬钎焊敷铜的供应商

供应商	Al_2O_3	AlN	BeO	Si_3N_4
常规硬钎焊敷铜				
Tech - Ceram		• 99.9% • 用 Ag/Cu 合金将 Cu 钎焊到银膜上 • 25mil 厚衬底带双面 10mil 厚铜镀层，能通过 -55 ~ 125℃ 间循环 1000 次测试 • 比活性钎焊铜的强度高		

参考文献

1. Licari, J.J. and Enlow, L.R., *Hybrid Microcircuit Technology Handbook*, 2nd edition, Noyes Publishing, Park Ridge, NJ, 1998.
2. Harper, C.A., *Handbook of Thick Film Hybrid Microelectronics*, McGraw-Hill, New York, 1974.
3. Harper, C.A., *Electronics Packaging and Interconnection Handbook*, 2nd edition, McGraw-Hill, New York, 1997.
4. Pecht, M.G., Agarwal, R., McCluskey, P., Dishongh, T., Javadpour, S., and Mahajan, R., *Electronic Packaging Materials and Their Properties*, CRC Press, Boca Raton, FL, 1999.
5. Ginsberg, G.L. and Schnorr, D.P., *Multichip Modules and Related Technologies*, McGraw-Hill, New York, 1994.
6. Sergent, J.E. and Krum, A., *Thermal Management Handbook for Electronic Assemblies*, McGraw-Hill, New York, 1998.
7. NGK Spark Plug, *Characteristics Table of New Ceramics*, 1995.
8. Kyocera, *Characteristics Table of Ceramics*, 1999.
9. Nguyun, N.B., Using advanced substrate materials with hybrid packaging techniques for ultrahigh-power ICs, *Solid State Technology*, Feb. 1993.
10. Denka Technical Information, *AN PLATE/ACS*, No. AN/P/1/001, ANB/CC/1/001, ANB/CC/4/006, 1998.
11. Denka Technical Information, *SN PLATE*, No. ANS/CM/1/001.
12. Tsujimura, Y., Yoshino, N., Fushii, Y., and Terano, K., *Durable Ceramic Substrates Bonded with Metal Circuits*, Denka Internal Report, 1999.
13. Sheritt Technologies, *Thermic Edge Electronic Materials Specification*, 1996.
14. King, J.A., *Materials Handbook for Hybrid Microelectronics*, Random House, Bostton, MA, 1988.
15. National Beryllia Corp., *Designing with Beryllia*, National Beryllia Report, 1976.
16. Kanemaru, T., Palmer, B., and Twanow, C., *Reliable Metallization Options for Aluminum Nitride*, Thermic Edge Corp. Report, 1998.
17. Curamik Electronics, GMBH, Direct Copper Bonded Substrates for Semiconductor Power Devices, Curamik Report, 1997.

18. Electrovac, GMBH, *Ekeram Specification*, Oct. 2000.
19. Rantala, J., Diamonds are a thermal designer's best friend, *Electronics Cooling*, 8, 1, Feb. 2002.
20. Pan, L.S. and Kanier, D.R., *Diamond — Electronic Properties and Applications*, Kluwer Academic Publishers, Boston, 1995.
21. Lee, T-Y., Design optimization of an integrated liquid-cooled IGBT power module using CFD technique, *IEEE Transactions on Components and Packaging Technologies*, 23, 1, Mar. 2000.

3.2 底板

底板为绝缘衬底做机械支撑，一方面吸收功率器件产生的热量，另一方面将热量传递到热沉冷却系统，必须具有很高的热导率才能有效地将多余的热量传递出去。同时，需要具有较低的表面粗糙度，能与绝缘衬底紧密接触，否则空隙会形成热点，使底板开裂，降低可靠性。此外，底板必须具有一定的形变能力，可与热沉紧密接触。

3.2.1 选择标准

为功率器件选择的底板材料必须具有与绝缘衬底材料相匹配的性能，如热特性、机械特性、化学特性等，其他性能要求如下：

- 热特性：
  - 热导率（W/m·K）——高于150W/m·K；
  - 热膨胀系数（CTE）——与绝缘衬底相匹配。
- 机械特性：
  - 高抗拉强度——高于200MPa（或29ksi[⊖]）；
  - 高抗弯强度；
  - 易于塑形；
  - 表面粗糙度低——低于2μm。
- 化学特性：
  - 不与处理溶剂发生反应；
  - 低吸水率；
  - 低毒性。
- 密度/重量：
  - 低密度/重量——减小机械冲击引起的损伤。

⊖ ksi，即千磅力/平方英寸，英制单位，1ksi=6.895MPa。

- 成本：
  — 与铜尽可能接近：
    ◆ 技术成熟；
    ◆ 产品丰富。

3.2.2　底板材料

电力电子产业大量使用底板，其中半强化的高导电无氧铜是首选材料。大多数高性能衬底采用复合材料制作，通过控制复合材料合金成分、粉末颗粒尺寸和成分组成来控制底板性能。目前最先进的复合材料多为聚合物、金属和碳纤维强化或颗粒强化材料，或其中两种材料的混合。强化材料主要有以下几种：

- 连续的导热碳纤维；
- 非连续导热碳纤维；
- 导热陶瓷材料（SiC 和 BeO）和金刚石颗粒。

纤维强化复合材料是各向异性的，而颗粒强化复合材料是各向同性的。

在复合材料的加工中，相似成分比的产品会表现出不同的性能，发展新型复合材料必须降低加工成本，并不断改进功率模块的性能。3.1.3 节的介绍能够部分缩小材料的选择范围，便于挑选绝缘衬底材料相匹配的绝缘衬底。

几乎所有绝缘衬底材料都会选择铝层或者铜层作为接触部分，这两种金属材料都需要表面镍或镍/金层来提高可焊性，同时进行保护免受腐蚀。

以下材料可作为底板材料：

- 铜；
- 铝；
- 铜/钼/铜层压板；
- 碳化硅铝；
- 铜/钨基；
- 铜/钼基；
- 铜/石墨基；
- 铜/金刚石基（铜 - 金刚石复合材料）；
- 铝/石墨基。

上述材料中只有铜/钼/铜层压板是大颗粒复合材料，其余均为微颗粒复合材料。

3.2.3　可用底板材料概述

表 3.18 列出了几种可作为制作底板的材料的性能。

表3.18　底板材料的性能

材料	密度/(g/cm³)	CTE/(ppm/℃)	热导率（25℃时）/(W/m·K)	形态
Cu①	8.96	17.8	398	片状
Al	2.7	23.6	238	片状
Cu/Mo/Cu	9.36~10.02	5.1~8.6	166~311	片状
AlSiC	2.97~3.04	6.5~13.8	170~200	网状
Cu/Mo	9.3~10	6.8~13	165~275	片状
Cu/W	14.8~17	5.6~9	130~205	片状，网状
Gr/Cu	6.86	7.4	200~300	片状
Gr/Al	2.52	6.7	200	片状
铜-金刚石复合材料	5.90	5.5	420	片状

① C10100，C10200-1/2H，氧自由基（O_2<10ppm）。

近净成形工艺可使导热片或导热块的底面变形，可增大底板与冷却液间的导热面积，有益于散热，并能在批量生产中减少加工需求。

从表3.18可知，这些材料都具有足够的热导率，其中铝基材料具有最合适的密度。复合材料的热膨胀系数是可以改变的，能获得比Al或Cu与Al_2O_3，AlN和Si_3N_4之间更好的匹配，从而减小热应力。

考虑到化学反应的影响，所有材料表面都应附着镍层。镀镍2~5mm能保证良好的焊料润湿性、低吸水性和对处理溶剂的耐腐蚀性。采用无毒的清洗剂，用于焊后清洗。在变频器的冷却系统中，使用含50%乙二醇的冷却液可保持中性。

表面抛光处理后，表面粗糙度能保持在2μm以内。

基于热膨胀系数的初步分析结果见表3.19。

表3.19　匹配的衬底材料

绝缘衬底	CTE	适合底板材料
铝（96%）	6.0	Cu/Mo/Cu，Cu/Mo，Cu/W，Gr/Al，Gr/Cu，AlSiC，钻石合金
铝（99%）	7.2	Cu/Mo/Cu，Cu/Mo，Cu/W，Gr/Al，Gr/Cu，AlSiC
氮化铝	4.6	Cu/Mo/Cu，Cu/W，Gr/Al，AlSiC，钻石合金
氧化铍	7.0	Cu/Mo/Cu，Cu/Mo，Cu/W，AlSiC，Gr/Al，Gr/Cu
氮化硅	3.0	可以不用金属衬底

3.2.3.1　铜/钼/铜层压板

铜/钼/铜层压板是一种常用的宏观复合热沉材料，可通过调节层状复合结构中铜/钼比，使热膨胀系数在5.1~8.6间变化。材料表现为层状结构而且能被加工成特殊的器件。

表3.20从《CSM Industries》《Cleveland》《Ohio》杂志中摘录了随Cu/Mo比的变化，材料性能的变化情况。

表3.20 Cu/Mo/Cu不同比例下的材料性能

Cu/Mo/Cu的复合比	CTE/(ppm/℃)	热导率(25℃时)/(W/m·K)		密度/(g/cm³)	弹性模量/GPa
		X、Y轴	Z轴		
5% -90% -5%	5.1	166	150	10.02	303
13% -74% -13%	5.7	208	165	9.84	269
20% -60% -20%	6.5	242	190	9.66	241
25% -50% -25%	7.3	268	213	9.54	220
1/3 -1/3 -1/3	8.6	311	249	9.36	186

表3.21列出了Brush Wellman的Cu/Mo/Cu（13% -74% -13%）系列的产品。

表3.21 一定Cu/Mo/Cu比下的材料性能

Cu/Mo/Cu的复合比	CTE/(ppm/℃)	热导率(25℃时)(/W/m·K)		密度/(g/cm³)	弹性模量/GPa
		X、Y轴	Z轴		
13% -74% -13%	5.8	181	—	9.9	269

对类似的产品，不同供应商提供的复合材料成分是不同的。因此，选择的材料时应考虑供应商的因素。供应商Amoco同时供应Cu/Mo/Cu和Cu/Invar/Cu复合材料。

- 劣势：
  - — 高成本；
  - — 高密度；
  - — 难以机械化加工；
  - — 有分层的可能性。

3.2.3.2 碳化硅铝复合材料

碳化硅铝（AlSiC）复合材料是片状或近净成形的材料，能与许多绝缘衬底材料搭配使用。可用近净成形工艺制造出具有复杂形状的底板，调节参数提高性价比并获得最好的性能。大部分近净成形复合材料的制造工艺具有3个步骤：

1. 加工准备：多孔颗粒碳化硅通过注射成型得到多孔AlC半成品，能够具有底板所需的几何特征，包括腔、孔、槽以及表面纹理等。如果预处理温度较为合适，可直接在绝缘衬底上进行制造。

2. 渗透：将多孔半成品插入尺寸和底板成品相同的模具中，在真空和高压下，熔融状态的耐火铝渗透入多孔半成品中，可以形成多种铝硅合金以得到所需要的材料性能。

3. 后续加工：在底板顶端采用火焰喷涂铜层，以加强与绝缘衬底的焊接能力。

表 3.22 列出了具有代表性的几家供应商及其网状碳化硅铝材料的性能。

表 3.22 AlSiC 的性能

供应商	SiC 的百分含量	密度/(g/cm^3)	CTE/(ppm/℃)	热导率/(W/m·K)	抗拉强度/MPa	杨氏模量/GPa
Ametek	68B	3.04	7.5	220	210	
	68C	4.04	6.8	226	225	
PCC	30		13.8			
	63	3.01	8.5	175min	253	220
	68	3.03	7.6	175min	207	255
	74		6.6	200		
MMCC	55	2.97	11.8	190	350	183
CPS	54	2.96	10.13	181.4		167
	63	3.01	7.96	178.1		192
	68，A356.2	2.99	6.88	180		217.5
	68，A383	3.02	6.2	150		
	Cu（102OFHC）	8.96	17.8	398		117

通过典型的金属基复合材料热膨胀系数 - 温度曲线可知，AlSiC 与其他材料相比受温度影响小。

- 劣势：
  — 机械加工难度大；
  — 过程控制严格。

3.2.3.3 铜/钼基体

经耐火钼材料做强化的铜/钼复合材料具有良好的性能，可作为电力半导体用底板使用。通过调整铜/钼比，可对材料的热膨胀系数进行调节，使底板与芯片间的不匹配度减小。Cu/Mo 复合材料通常被加工为片状形式，通过粉末冶金处理轧制成 Cu/Mo 复合材料，也即在钼粉表面涂铜并轧成薄片。钼含量可通过改变钼料的颗粒度来控制。

表 3.23 列出不同 Cu/Mo 比例下 Cu/Mo 复合材料的性能。

Ametek 公司生产的 85% Mo 的复合材料抗拉强度为 80 ~ 90ksi。其他厂商包括 Sumitomo 和 Technical Materials。Pacific Aerospace 和 Electronics 已经制备出 Ti 和 CuMo 的复合材料，将 Ti 作为基础材料而 CuMo 只是作为散热部分。由此形成

的物质实现轻量化、低热膨胀系数和高热导率。

表 3.23 不同 Cu/Mo 比例下的材料性能

供应商	Mo 百分含量	密度/(G/cm³)	CTE/(ppm/℃)	TC/(W/m·K)
Ametek	31	9.32	13.1	275
	64	9.71	9.1	210
	75	9.90	7.8	185
	80	9.94	7.2	175
	85	10.01	6.8	165
Brush Wellman	85	9.6	7.2	145
Spectra - Mat	85	10.02	7.0	160
	80	9.96	8.0	170

- 劣势：
  — 成本高；
  — 密度高；
  — 机械加工困难。

3.2.3.4 铜/钨底板

在电力电子应用中，经耐火钨强化的铜/钨复合材料表现出良好的性能。改变铜/钨比能获得理想的热膨胀系数，将底板与芯片间的不匹配度降低。CuW 通常是片状形态，Brush Wellman 公司已研制出了一种网状工艺。该工艺与应用于 CuMo 底板的网状工艺类似，在轧制 CuW 复合材料的过程中先在 W 粉表面喷涂上 Cu，然后轧制成片状，加工过程中不进行辅助烧结。W 的百分含量通过 W 颗粒度的大小来进行控制。

表 3.24 列出了不同 Cu/W 比例下的 CuW 复合材料的性能。

表 3.24 相应 Cu/W 比下 CuW 的性能

供应商	W 的百分含量	密度/(g/cm³)	CTE/(ppm/℃)	热导率/(W/m·K)	抗拉强度/MPa	弹性模量/GPa
Brush Wellman	85～200	16.2	7.1	200	73.5ksi	274
	85～150	16	7.1	150	74	275
	90～130	16.9	5.6	130	59	306
Ametek	75	14.87	9.06	205		
	80	15.59	8.21	195		
	85	16.37	7.36	185		
	88	16.95	6.78	180		
	90	16.98	6.51	175		

（续）

供应商	W的百分含量	密度/（g/cm³）	CTE/（ppm/℃）	热导率/（W/m·K）	抗拉强度/MPa	弹性模量/GPa
SMI	80	16.18	7.9	209		
	85	16.72	7.3	197.1		
	90	17.22	6.7	185		

Brush Wellman提供的这种材料的最大尺寸为1mm×1mm。Ametek使用轧片技术。其他厂商有英国的L. E. W. Techniques、Sumitomo和Technical Materials。

- 劣势：
  - — 成本高；
  - — 密度高。

3.2.3.5 石墨纤维强化铝铜合金

掺杂石墨纤维的复合材料在大功率器件的应用领域中有良好的前景，表现为材料较轻，热导率能超过1100W/m·K，热膨胀系数在-1～-2ppm/℃之间。由于此类复合材料全部是最近才发明的，缺少长期实践得到的可靠性数据。此类材料都被生产成片状，直接加工成最终的样式。由于其中含有石墨，此类材料极易加工。

石墨强化复合材料较有优势的特征是，其性能可根据最后的用途来进行调节。例如，有高热导率的复合材料可以用于替代热交换管。此类材料的发展会与未来的使用前景密切结合。

铜-金刚石复合材料是与之相关的一种复合材料，是铜和碳的复合基体（以金刚石为结晶的形式）。在体积比为9∶11的情况下，钻石合金具有5.5ppm/℃的热膨胀系数，420W/m·K的热导率和5.9g/cm³的密度。

Ixion有限公司的石墨基复合材料的特性在表3.25中列出。

表3.25 石墨基复合材料的主要特性

材料	密度/（g/cm³）	CTE/（ppm/℃）	TC（W/m·K）		杨氏模量/GPa	抗拉强度/psi⊖	抗弯强度/psi
			X、Y轴	Z轴			
GrCu 30/70	6.86	7.4	300	200	89	9000	23000
GrAl 30/70	2.52	6.7	200	190	88.7	11150	23250
铜-金刚石复合材料	5.9	5.5	420		179		

⊖ psi，即磅力/平方英寸，英制单位，1psi=6.895kPa。

其他积极参与此类材料开发的供应商有 Amoco 和 Advanced Ceramics。

- 劣势:
  - — 抗拉强度低;
  - — 产品不成熟;
  - — 工艺不成熟;
  - — 应用范围小;
  - — 成本高，尤其是铜-金刚石复合材料。

随着石墨材料的发展，这些材料的功能将被持续发掘。

3.2.4 产品成本

成本最低的底板材料是铜（纯度99%，C10200），每平方英寸的成品价不到1美元。把铜作为底板材料，需要匹配选择一种抗应力强的焊料，将在3.3.2节中进行讨论。

使用钼材连接层压板以获得需要的热膨胀系数时，成本大概为2~4美元/in^2。

铜/钼复合材料的成本在3~5美元/in^2。

铜/钨复合材料是最贵的，成本为3~8美元/in^2。

碳化硅铝材料成本约为1~2美元/in^2。如采用网状技术，需要10000~30000美元的额外工具费用。

3.2.5 适用的底板/衬底材料表

表3.26中列写了目前投入实际应用的底板材料，随着新型材料的发展，更多的材料将会出现在表中。

表3.26 适用的底板和绝缘衬底材料

绝缘衬底	CTE	底板
Al_2O_3(96%)	6	Cu/Mo，AlSiC，Cu①
Al_2O_3(99%)	7.2	Cu/Mo，AlSiC，Cu①
AlN	4.6	Cu/Mo，AlSiC，Cu①
Si_3N_4	3	无

① 如果选用应力吸收较好的焊料，铜底板可以作为选择之一。

参 考 文 献

1. Zweben, C., High performance thermal management materials, *Electronics Cooling*, 5, 3, Sept. 1999.
2. Bussarakons, T., Application-specific power modules cut size and weight, improve environmental, electrical and thermal performance, *PCIM*, Nov. 1996.
3. Mathews, F.L. and Rawlings, R.D., *Composite Materials — Engineering and Science*, CRC Press, Boca Raton, FL, 1999.
4. Lasance, C.J.M., The thermal conductivity of composite materials, *Electronics Cooling*, 6, 1, Jan. 2000.
5. Spectra-Mat, Inc., *Material Specification Sheet*, 1998.
6. Brush Wellman, Inc., *Copper Tungsten Heatsinks*, 2000.
7. Ametek, Inc., *Material Specification Sheet*, 1999.
8. Licari, J.J. and Enlow, L.R., *Hybrid Microcircuit Technology Handbook*, 2nd edition, Noyes Publishing, Park Ridge, NJ, 1998.
9. Ginsberg, G.L. and Schnorr, D.P., *Multichip Modules and Related Technologies*, McGraw-Hill, New York, 1994.
10. Occhioners, M.A., Hay, R.A., Williams, R.W., Fennessy, K.P., and Sunberg, G., AlSiC for integrated thermal management solutions, *HDI*, Mar. 2000.
11. Zweben, C., *Advanced Materials for Optoelectronic Packaging*, Special report from Semiconductor International and EP&P — Optoelectronics, Sept 2002.
12. Kerns, J.A., Collela, N.J., Makowiecki, D., and Davidson, H., Dymalloy: a composite substrate for high power density electronic components, *Proceedings of ISHM Symposium*, Virginia, 1995.

3.3 连接材料

连接材料具有使功率半导体芯片、端子、绝缘衬底和金属底板间产生机械联系、热力学联系和电气联系的重要功能。因此，必须通过适当设计互连方式来确保 IGBT 功率模块的机械可靠性和热效率。主要包括以下两个类型：

- 压接式互连；
- 连接材料互连。

3.3.1 压接式互连

压接式互连使得接触区域在高循环载荷作用下具有良好的热疲劳性能，也能进行双面冷却。通常情况下，电接触和热接触的方式和需求不同，压接式互连需要按照复杂的机械结构，产品的生产成本很高。同时，工件中填充的绝缘灌封材料容易致使压力接触点出现问题。IGBT 具有大而薄的尺寸特性，对压接式互连提出了新的挑战，本书只讨论焊接互连。

3.3.2 连接材料互连详述

有如下三种基本材料连接种类：

- **有机互连材料**——环氧树脂，聚酰胺；
- **冶金材料**——焊料；
- **银微粒注入型玻璃互连材料**——填入银微粒的导电玻璃状液体。

表 3.27 对这几种材料进行了比较。

表 3.27 环氧树脂、焊料和银微粒注入型玻璃互连材料的性能比较

类别	热导率/(W/m·K)	CTE/(ppm/℃)	弹性模量/GPa	处理温度/℃	电阻率/μΩ·cm
环氧树脂	1～2	50（$<T_g$） 200（$>T_g$）	3～5	100～150	100
焊料	30～65	20～30		200～350	15
银微粒注入型玻璃互连材料	70～80	11	3	400～500	20

由于环氧树脂具有低弹性模量，具有优良的应力吸收材料，但其热导率过低。银微粒注入型玻璃互连材料具有较好的前景，但其加工温度通常需要达到 450℃，对于功率芯片来说过高。目前焊料是最好的选择，尤其对于柔性焊接，未来银微粒注入型玻璃互连材料可能会成为铅焊料的最佳替代品。

焊料是两种或两种以上的金属合金，当金属合金化后，合金的熔点会低于其中任一单金属元素的熔点。这种现象使得焊料可被应用在钎焊过程中，焊料被放置在两块金属所需焊接的表面，熔化的焊料冷却后形成焊接界面，将两块金属表面连接在一起。界面的冶金保护使得界面强度要远强于环氧树脂和银微粒注入型玻璃互连材料。

在 IGBT 功率模块中，采用焊锡材料进行钎焊的金属表面如图 3.1 所示。

图 3.1 IGBT 功率模块的钎焊

* 焊料可以通过印刷、涂覆或喷涂等方式布局在底板镀层上

焊料 1 和焊料 2 是不同的焊锡材料，作为标准的双焊料工艺，焊料 1 比焊料 2 的熔点要高。有些制造商使用比焊料 2 熔点更低的第三种焊料来连接端子和陶瓷衬底，易于实现生产不同阶段的返工。

常用于焊锡材料的元素有以下几种：

- 锡（Sn）；
- 铅（Pb）；
- 银（Ag）；
- 铋（Bi）；
- 铟（In）；
- 锑（Sb）；
- 金（Au）；
- 铜（Cu）；
- 硅（Si）；
- 锗（Ge）；
- 镉（Cd）。

半导体封装中最常用的合金系列是：

- Au/Sn 硬焊料；
- Sn/Pb 软焊料。

其余二元合金系列主要包括 Au/Ge、Au/Si、Pb/In、Pb/Bi、Sn/Ag、Sn/Sb 和 Sn/In，三元合金系列主要包括 Sn/Pb/Ag、Sn/Pb/Sb 和 Sn/Pb/In。随着无铅焊料的持续发展，出现了更多的三元、四元和五元合金系列。目前，最有前景的无铅焊料是 Sn/Ag、Sn/Ag/Cu、Sn/Cu 和 Sn/Ag/Bi 系列。前两种合金系列已经在美国被广泛应用，第二种和第三种在欧洲较为常用，第四种则在日本被广泛应用。自 1998 年起，松下公司已经使用此类焊料系列来制造自己的产品。

3.3.3 焊料的选择标准

焊料的选择基于以下标准：

- **熔点范围与使用温度有关**——选用的焊料应该具有尽可能低的熔点以减小由于热膨胀系数不匹配引起的热应力：
  - 上限——由于功率芯片、绝缘衬底和金属底板间热膨胀系数的不匹配度，焊锡的熔化温度应该尽可能低，最好在350℃以下，焊锡的焊接温度通常高于焊锡熔点 20 ~40℃。
  - 下限——IGBT 芯片的温度可以达到 150℃，焊锡的熔点至少比这个温度高 10℃，以防止重熔现象。
  - 加工限制——大部分的功率半导体模块通过多重焊接形成，功率芯片先用高温焊料焊接到绝缘衬底上（一次焊接），然后用低温焊锡将绝缘衬底焊接在金属底板上（二次焊接），以防止前者发生重熔。为保持两个焊接面的各自独立性，各层焊锡的熔点至少应相差 40℃。基于这个原则，两层焊料的熔点范围如下所示：

- 一次焊接所用焊料—200～310℃；
- 二次焊接所用焊料—160～270℃。

- **使用性**——焊料可以以焊片和焊锡膏的形式使用。连接功率芯片和绝缘衬底的焊料通常使用焊片的形式，可以不涉及后续化学试剂处理，而且厚度和覆盖面积较好控制，可以大幅度减少空洞的形成。焊片可以与助焊剂一起使用也可以不用助焊剂，可以是含铅的也可以是不含铅的。位于端子、绝缘衬底和底板之间的焊料通常为焊锡膏。由于涉及的表面要比前者大很多，需要考虑底板的翘曲、热应力和成本等问题，比焊片便宜的焊锡膏可以沉积较厚的一层，具有良好的应力吸收能力。焊锡膏通常通过扩散或丝网印刷的方式涂覆，也可以使用喷涂的方式，但层厚较薄。大部分焊锡膏有三种类型：无清理型、水溶型和松香型。因为焊接过程中存在裸露的芯片，建议不使用无清理型，需要针对功率芯片的类型使用特定的溶剂去除松香流体和清理残渣。

- **共晶和二元、三元合金**——共晶焊锡材料具有确定的熔点，非共晶合金在液态和固态之间存在塑性范围，将导致难以重复和不可控的过程。所使用的非共晶合金塑性范围应尽可能小，最好小于10℃。四元合金或更多元合金难以制备。

- **功率芯片、绝缘衬底和金属底板表面金属化材料与焊锡材料的兼容性**——焊锡材料必须能浸润以上几类表面，与基体元素互溶在界面处形成合金。浸润试验后覆盖面积必须大于85%，并控制减小金属溢出，抑制焊接空洞的产生。应尽量减少金属间化合物的形成，以提高焊接可靠性。
  - 功率芯片金属化——Ti/Ni/Ag，Cr/Ni/Ag，Al/Ti/Ni/Ag；
  - 绝缘衬底金属化——Cu＋电镀Ni（电镀Ni提供了良好的可焊性和抗溢出性）；
  - 底板金属化——Cu＋电镀Ni，Cu/Mo＋电镀Ni，AlSiC＋电镀Ni。

- **高机械强度**——为克服与绝缘衬底和金属底板热膨胀系数的不匹配，焊料合金应具有以下特点：
  - 高抗拉强度（大于20MPa）；
  - 高屈服强度。

- **低弹性模量**——在热疲劳强度不匹配的情况下，较低的弹性模量可以增强焊料合金对热应力的吸收性能。焊料的弹性模量应小于20GPa，其中银环氧树脂具有较低的弹性模量（通常为3GPa），使其成为很好的应力吸收材料。然而此类材料的热导率只有1～2W/m·K，只有焊料的1/20。

- **高蠕变抗性和高疲劳抗性**——要尽可能降低机械或热致恒定应力所产生的永久变形，室温下10000s内不产生缺陷的许用应力应大于500psi。抗疲劳性可将产生缺陷的循环次数作为衡量标准，至少应为常规 Sn/Pb 焊料的 75%。

- **高热导率**——由于焊接层的厚度不到绝缘衬底的 1/5，其热导率约为20～30W/m·K，与 AlN 等绝缘衬底相同。
- **热膨胀系数匹配**——焊料的热膨胀系数应小于 29ppm/℃，以减小与功率芯片、衬底和金属底板不匹配引起的热应力，尽量选用软焊锡材料，热膨胀系数为 20～30ppm/℃。
- **电阻率**——选用焊锡材料的欧姆压降应小于 IGBT 集电极 - 发射极饱和电压的 1%，或小于 0.02V，即 $\rho \leqslant 10^{-4}\Omega \cdot cm$。
- **成熟度**——选择的焊锡材料应符合以下几个要求：
  - 可加工性；
  - 可靠性；
  - 成本（成本低于每磅 10 美元。这意味着选择的焊锡材料含 In 量要小于 1.5%）。
- **环境因素**——选用的焊料应具有较低毒性，不对环境造成污染，如无铅焊料和无镉焊料。在欧洲镉元素已被禁止添加到焊料中，现代工业倾向于将焊料中的铅元素用其他元素替代。北美、欧洲和日本的工业代表已经达成协议，在 2005 年之前停止含铅焊料的使用。在欧盟，法律规定禁止含铅焊料使用的条款于 2006 年 7 月正式生效。
- **专利**——避免使用被专利保护的合金。

表 3.28 列出了半导体工业中所用的焊锡材料。表 3.29～表 3.36 涵盖了选择焊锡材料的主要参数。

表 3.28　常用焊锡材料

含铅焊料	无铅焊料
43Sn/43Pb/14Bi	42Sn/58Bi
30In/70Pb	71Sn/25Bi/4Ag
60In/40Pb	81Sn/15Bi/4Ag
80Sn/20Pb	30In/70Sn
63Sn/37Pb	60In/40Sn
60Sn/40Pb	96.5Sn/3.5Ag
25Sn/75Pb	95Sn/5Ag
10Sn/90Pb	95Sn/5Sb
5Sn/95Pb	80Au/20Sn
62Sn/36Pb/2Ag	88Au/12Ge
15Sn/82.5Pb/2.5Ag	97Au/3Si

（续）

含铅焊料	无铅焊料
10Sn/88Pb/2Ag	95.5Sn/3.8Ag/0.7Cu
5Sn/93.5Pb/1.5Ag	96.3Sn/3Ag/0.7Cu
5Sn/92.5Pb/2.5Ag	96.2Sn/2.5Ag/0.8Cu/0.5Sb
1Sn/97.5Pb/1.5Ag	99.3Sn/0.7Cu
85Sn/10Pb/5Sb	91.7Sn/3.5Ag/4.8Bi
95Pb/5Sb	93.5Sn/3Sb/2Bi/1.5Cu
95Pb/5In	Sn/Zn/Al①

① 日本的生产公司于2003年引进此类新型无铅焊料，其熔点仅有190℃，可以直接作为Sn/Pb焊料的替代品。

表3.29 焊锡材料的熔点

合金成分	液相线/℃	固相线/℃	塑性温度区/℃
含铅焊料			
43Sn/43Pb/14Bi	163	144	19
30In/70Pb	253	240	13
60In/40Pb	185	174	9
80Sn/20Pb	199	183	16
63Sn/37Pb	183	183	0
60Sn/40Pb	190	183	7
25Sn/75Pb	266	183	83
10Sn/90Pb	302	268	34
5Sn/95Pb	312	308	4
62Sn/36Pb/2Ag	179	179	0
15Sn/82.5Pb/2.5Ag	280	275	5
10Sn/88Pb/2Ag	290	268	22
5Sn/93.5Pb/1.5Ag	301	296	5
5Sn/92.5Pb/2.5Ag	296	287	9
1Sn/97.5Pb/1.5Ag	309	309	0
85Sn/10Pb/5Sb	230	188	42
5Sn/85Pb/10Sb	255	245	10
95Pb/5Sb	240	221	19
95Pb/5In	314	292	22

（续）

合金成分	液相线/℃	固相线/℃	塑性温度区/℃
无铅焊料			
42Sn/58Bi	138	138	0
71Sn/25Bi/4Ag	180	180	0
81Sn/15Bi/4Ag	200	200	0
90Sn/3Bi/3.3Ag/3.7In	211	206	5
30In/70Sn	175	117	58
60In/40Sn	122	113	9
96.5Sn/3.5Ag	221	221	0
95Sn/5Ag	240	221	19
95Sn/5Sb	240	235	5
80Au/20Sn	198	198	0
88Au/12Ge	233	233	0
97Au/3Si	304	255	49
95.5Sn/3.8Ag/0.7Cu	218	218	0
96.3Sn/3Ag/0.7Cu	218	217	1
96.2Sn/2.5Ag/0.8Cu/0.5Sb	219	213	6
99.3Sn/0.7Cu	227	227	0
91.7Sn/3.5Ag/4.8Bi	210	205	5
93.5Sn/3Sb/2Bi/1.5Cu	218	218	0

表 3.30　焊锡材料的机械特性

合金成分	断裂抗拉强度/(10^3lb/in^2)	屈服强度/(10^3lb/in^2)	弹性极限/(10^3lb/in^2)	均衡延展(%)	弹性模量/GPa
含铅焊料					
43Sn/43Pb/14Bi	5.60	3.60	2.77	2.5	
30In/70Pb	4.83	3.58	3.08	15.1	
60In/40Pb	4.29	92.8	2.06	10.7	
80Sn/20Pb	6.27	4.30	2.85	0.82	
63Sn/37Pb	5.13	2.34	1.91	1.38	18 ~ 25
60Sn/40Pb	4.06	2.06	2.19	5.3	18 ~ 25
25Sn/75Pb	3.35	2.06	1.94	8.4	
10Sn/90Pb	3.53	2.02	1.98	18.3	19

（续）

合金成分	断裂抗拉强度/(10^3lb/in^2)	屈服强度/(10^3lb/in^2)	弹性极限/(10^3lb/in^2)	均衡延展(%)	弹性模量/GPa
		含铅焊料			
5Sn/95Pb	3.37	1.93	1.83	26.0	7.4
62Sn/36Pb/2Ag	5.39	2.57			23.2
15Sn/82.5Pb/2.5Ag	3.85	2.40	1.94	12.8	
10Sn/88Pb/2Ag	3.94	2.25	2.02	15.9	
5Sn/93.5Pb/1.5Ag	6.75	3.85	2.40		1.1
5Sn/92.5Pb/2.5Ag	4.03	1.17			9
1Sn/97.5Pb/1.5Ag	5.58	4.34	3.36		1.15
85Sn/10Pb/5Sb	6.45	3.63	2.62		1.40
5Sn/85Pb/10Sb	5.57	3.67	2.26		3.50
95Pb/5Sb	3.72	2.45	1.98		13.7
95Pb/5In	3.66	2.01	1.79		33.0
		无铅焊料			
42Sn/58Bi	9.71	6.03	3.73	1.3	
71Sn/25Bi/4Ag					
81Sn/15Bi/4Ag					
90Sn/3Bi/3.3Ag/3.7In					
30In/70Sn	4.67	2.54	1.50	2.6	
60In/40Sn	1.10	0.67	0.53	5.5	
96.5Sn/3.5Ag	8.36	7.08	5.39	0.69	5.5
95Sn/5Ag	8.09	5.86	3.95	0.84	
95Sn/5Sb	8.15	5.53	3.47	1.06	
80Au/20Sn	26.56	26.56			59
88Au/12Ge	22.57	22.57			
97Au/3Si	28.84	24.22			83
95.5Sn/3.8Ag/0.7Cu	10.2	7.08			
99.3Sn/0.7Cu					
91.7Sn/3.5Ag/4.8Bi					
93.5Sn/3Sb/2Bi/1.5Cu					

表3.31 焊锡材料的热学特性和电气特性

合金成分	热导率/(W/m·K)	CTE/(ppm/℃)	电阻率/$10^{-6}\Omega\cdot cm$
含铅焊料			
43Sn/43Pb/14Bi			
30In/70Pb			35
60In/40Pb		26	28
80Sn/20Pb			
63Sn/37Pb	51	24	14.5
60Sn/40Pb	50	24	
25Sn/75Pb			
10Sn/90Pb	36	28	
5Sn/95Pb	32	28	
62Sn/36Pb/2Ag	52	26	15
15Sn/82.5Pb/2.5Ag			
10Sn/88Pb/2Ag	37	29	
5Sn/93.5Pb/1.5Ag			
5Sn/92.5Pb/2.5Ag	39	25	20
1Sn/97.5Pb/1.5Ag			
85Sn/10Pb/5Sb			
5Sn/85Pb/10Sb			
95Pb/5Sb			
95Pb/5In			
无铅焊料			
42Sn/58Bi			
71Sn/25Bi/4Ag			
81Sn/15Bi/4Ag			
90Sn/3Bi/3.3Ag/3.7In			
30In/70Sn			
60In/40Sn			
96.5Sn/3.5Ag	64	30	12.7
95Sn/5Ag	27	23	
95Sn/5Sb			
80Au/20Sn	57	14	17
88Au/12Ge	88	11	30

（续）

合金成分	热导率/(W/m・K)	CTE/(ppm/℃)	电阻率/$10^{-6}\Omega\cdot cm$
无铅焊料			
97Au/3Si	94	12	117
95.5Sn/3.8Ag/0.7Cu			
99.3Sn/0.7Cu			
91.7Sn/3.5Ag/4.8Bi			
93.5Sn/3Sb/2Bi/1.5Cu			

表 3.32 焊锡材料的蠕变抗性

合金成分	等级
含铅焊料	
43Sn/43Pb/14Bi	中低等
30In/70Pb	中等
60In/40Pb	中等
80Sn/20Pb	中等
63Sn/37Pb	中等
60Sn/40Pb	低等
25Sn/75Pb	低等
10Sn/90Pb	中等
5Sn/95Pb	中高等
62Sn/36Pb/2Ag	高等
15Sn/82.5Pb/2.5Ag	中等
10Sn/88Pb/2Ag	中高等
5Sn/93.5Pb/1.5Ag	中等
5Sn/92.5Pb/2.5Ag	中等
1Sn/97.5Pb/1.5Ag	中等
85Sn/10Pb/5Sb	中等
5Sn/85Pb/10Sb	高等
无铅焊料	
42Sn/58Bi	中等
30In/70Sn	低等
60In/40Sn	低等
96.5Sn/3.5Ag	高等

（续）

合金成分	等级
无铅焊料	
95Sn/5Ag	高等
95Sn/5Sb	高等
80Au/20Sn	高等
88Au/12Ge	高等
97Au/3Si	高等
95.5Sn/3.8Ag/0.7Cu	高等
99.3Sn/0.7Cu	中等
91.7Sn/3.5Ag/4.8Bi	高等
93.5Sn/3Sb/2Bi/1.5Cu	高等

表 3.33　焊锡材料的疲劳抗性

合金成分	熔点/℃	循环次数/圈
含铅焊料		
63Sn/37Pb	183	3650
62Sn/36Pb/2Bi	180 ~ 183	5623
63Sn/36Pb/2Bi	177 ~ 182	6982
无铅焊料		
96.5Sn/3.5Ag	221	4186
99.3Sn/0.7Cu	227	1125
85.2Sn/4.1Ag/2.2Bi/0.5Cu/8In	193 ~ 199	10000 ~ 12000
88.5Sn/3.0Ag/0.5Cu/8In	195 ~ 201	>19000
93.5Sn/3.1Ag/3.1Bi/0.5Cu	209 ~ 212	6000 ~ 9000
91.5Sn/3.5Ag/1.0Bi/4In	208 ~ 213	10000 ~ 12000
95.4Sn/3.1Ag/1.5Cu	216 ~ 217	6000 ~ 9000
96.25Sn/2.5Ag/0.8Cu/0.5Sb	216 ~ 219	6000 ~ 9000
92.8Sn/0.7Cu/6In/0.5Ga	210 ~ 215	10800

表 3.34　镀层与焊锡材料之间的兼容性

镀层		合适的焊料合金
厚膜	钯银镀层	Pb/Sn，Pb/Sn/Ag，Pb/In，Sn/Ag
	铂钯银镀层	Pb/Sn，Pb/Sn/Ag，Pb/In，Sn/Ag
	金镀层	Pb/In，Au/Sn

(续)

镀层		合适的焊料合金
电镀铜	无镀层	Pb/Sn, Pb/Sn/Ag, Pb/In, Sn/Ag, Sn/Ag/Cu, Sn/Ag/Bi, Sn/Cu
	镀镍层	Pb/Sn, Pb/Sn/Ag, Pb/In, Sn/Ag, Sn/Ag/Cu, Sn/Ag/Bi, Sn/Cu
直接敷铜 活化钎焊覆铜	无镀层	Pb/Sn, Pb/Sn/Ag, Pb/In, Sn/Ag, Sn/Ag/Cu, Sn/Ag/Bi, Sn/Cu
常规硬钎焊敷铜	镀镍层	Pb/Sn, Pb/Sn/Ag, Pb/In, Sn/Ag, Sn/Ag/Cu, Sn/Ag/Bi, Sn/Cu
叠层铜	镀镍层	Pb/Sn, Pb/Sn/Ag

表 3.35 焊锡材料的成本和技术成熟度

合金成分	金属成本/in^3	技术成熟度
	含铅焊料	
43Sn/43Pb/14Bi		成熟
30In/70Pb		成熟
60In/40Pb		成熟
80Sn/20Pb		成熟
63Sn/37Pb	0.75	成熟
60Sn/40Pb		成熟
25Sn/75Pb		成熟
10Sn/90Pb		成熟
5Sn/95Pb		成熟
62Sn/36Pb/2Ag		成熟
15Sn/82.5Pb/2.5Ag		成熟
10Sn/88Pb/2Ag	1.39	成熟
5Sn/93.5Pb/1.5Ag		成熟
5Sn/92.5Pb/2.5Ag	1.46	成熟
1Sn/97.5Pb/1.5Ag		成熟
85Sn/10Pb/5Sb		成熟
5Sn/85Pb/10Sb		成熟
95Pb/5Sb		成熟
95Pb/5In		成熟

（续）

合金成分	金属成本/in^3	技术成熟度
无铅焊料		
42Sn/58Bi	1.08	成熟
30In/70Sn	8.02①	成熟
60In/40Sn		成熟
96.5Sn/3.5Ag	2.33	成熟
95Sn/5Ag		成熟
95Sn/5Sb	0.88	成熟
80Au/20Sn		成熟
88Au/12Ge		成熟
97Au/3Si		成熟
96.3Sn/3Ag/0.7Cu	1.58	不成熟
95.5Sn/3.8Ag/0.7Cu	2.56	不成熟
96.2Sn/2.5Ag/0.8Cu/0.5Sb	1.46	不成熟
71Sn/25Bi/4Ag		不成熟
81Sn/15Bi/4Ag	2.70	不成熟
90Sn/3Bi/3.3Ag/3.7In		不成熟
99.3Sn/0.7Cu	0.92	不成熟
92Sn/6In/0.5Cu/0.5Ag（LF-1合金）		不成熟

① 铟是一种昂贵的金属，每磅价格达到125美元。而铅的价格是每磅0.45美元，锡的价格为每磅3.5美元。

表3.36　被专利保护的无铅焊料成分

Sn	Ag	Cu	Bi	Sb	Zn	In	其他
88~99.35	0.05~3	0.5~6	0.1~3				
90~93.5	2~5	0.3~2	0.5~7				
平衡	1~3	0.5~2	1~10				
平衡	0.1~20		0.1~25				
92~99	0.05~3	0.7~6				0.1~20	Cu0.1~3或Zn0.1~15
平衡	3.5~7.7	1.0~4	0~10				
平衡	0.5~3.5	0.5~2			0~1.0		
平衡	3~5	0.5~3		0.5			

3.3.4 无铅焊料

- 目前还没有完全替代 Sn/Pb 焊料的材料出现，替代性焊膏都需要设定新的回流温度曲线，以及流体控制的检验标准。
- 现有六种常用无铅焊料系列：
  — Sn/Ag/Bi；
  — Sn/Ag/Cu（包括 Sn/Cu）；
  — Sn/Ag/Cu/Bi；
  — Sn/Ag/Bi/In；
  — Sn/Ag/Cu/In；
  — Sn/Cu/In/Ga。
- 锡含量越高，形成晶须和氧化锡的可能性越高，将会产生浮渣，同时使焊料与其他金属反应的机会增大。
- 总体来说铋具有润湿性差的特点：
  — 大于 7% 的铋含量会使合金脆化；
  — Bi 的导热性和导电性都很差。
- In 和 Bi 都是稀缺材料，世界范围内 In 的总供应量为 200t，Bi 的总供应量为 4000t，而 Sn 的总供应量为 240000t，铜达到了千万 t。Bi 是 Pb 开采的副产品，如果含铅焊料被禁止使用，那么 Bi 的供应量也会减少。
- 增加 Ag 和 In 的含量使成本增加：
  — Bi：3.40 美元/lb；
  — Sn：3.50 美元/lb；
  — Ag：85 美元/lb；
  — In：125 美元/lb。
- Ga 合金成本高而且脆。
- Zn 合金容易被氧化且需要很强的助焊剂，不适合于功率芯片的封装。Zn 合金在制造过程中也具有一些难以控制的问题。
- 与 Sn/Pb 焊料相比，很多无铅焊料存在润湿性差和润湿速度小的问题，需要更强的助焊剂，且流速控制必须与之相匹配。
- 必须调整回流曲线以使无铅焊料处于液态的时间更长，提高润湿效果。无铅焊料的检测标准与含铅焊料是不同的，无铅焊料界面比 Sn/Pb 焊料界面更加粗糙。Sn/Ag 焊料在铜表面的润湿角是 36°，而 Sn/Bi 在铜表面的润湿角是 43°。但 Sn/Pb 焊料在铜表面的润湿角只有 17°。
- 氮气是焊接无铅焊料钎的理想护气，可防止 Sn 被氧化，提高其浸润性。

通过前面的表格和对选择标准进行比较，表 3.37 列出了一次焊层和二次焊层可供选择的焊锡材料。

表 3.37 一次焊层和二次焊层选择的焊锡材料

	类型	优势	不足
含铅焊料			
一次焊层	5Sn/95Pb	技术成熟	高熔点 308～312℃
		良好的应力吸收	
		良好的蠕变抗性	
		成本低	
	5Sn/92.5Pb/2.5Ag	技术成熟	熔点高 287～296℃
		良好的应力吸收	价格适中
	5Sn/85Pb/10Sb	技术成熟	塑性温度区间 10℃
		熔点 245～255℃	
		极好的蠕变抗性	
		成本低	
二次焊层	63Sn/37Pb	技术成熟	应力吸收性能一般
		共晶熔点 183℃	
		良好的热导性	
		成本低	
	62Sn/36Pb/2Ag	技术成熟	应力吸收性能一般
		共晶熔点 179℃	
		良好的蠕变抗性	
		良好的热导性	价格适中
		Ag 使得金属间化合物减少	
无铅焊料			
一次焊层	96.5Sn/3.5Ag	技术成熟	成本高①
		共晶熔点 221℃	
		极好的热导性	
		良好的蠕变抗性	
		良好的疲劳抗性	
		抗拉强度高	
		良好的应力吸收	
		使用这种焊料后，纯铜可以代替昂贵的 AlSiC 或 Cu/Mo 材料制造金属衬底	
		Ag 使得金属间化合物减少	

（续）

	类型	优势	不足
无铅焊料			
一次焊层	95.5Sn/3.8Ag/0.7Cu（或96.3Sn/3Ag/0.7Cu）②	共晶熔点218℃	成本高
		良好的蠕变抗性	
		良好的疲劳抗性	
		抗拉强度高	
		良好的应力吸收	材料不成熟
		可以使用纯铜衬底	
		极好的热导性	
		Ag和Cu使得金属间化合物减少	
	95Sn/5Ag	技术成熟	成本高①
		熔点240℃	
		良好的蠕变抗性	塑性温度范围19℃
		抗拉强度高	
		良好的应力吸收	热导性一般
		金属间化合物少	
	99.3Sn/0.7Cu	共晶熔点227℃	材料不成熟
		良好的蠕变抗性	抗疲劳性能差
		成本低	可能有润湿问题
	93.5Sn/3Sb/2Bi/1.5Cu	共晶熔点218℃	材料不成熟
		良好的热疲劳抗性	含Bi
		高强度	可能有润湿问题
二次焊层	93Sn/6In/0.5Cu/0.5Ag	熔点180℃	材料不成熟
			成本高
	81Sn/15Bi/4Ag	熔点190℃	材料不成熟
			Bi产量有限
			可能有润湿问题
			很脆

① 总的来说，焊料的成本仅占模块总成本很小一部分，约为1%左右。

② 2002年5月，SPVC无铅小组委员会建议用96.5Sn/3Ag/0.5Cu来代替63Sn/37Pb。

上表中的焊锡材料并不是唯一的选择，但基本是依照标准能够做出的最合适选择。

本节描述了焊料的材料性能，焊膏的其他组成部分，以及制造过程中的工艺条件和设施也同样重要。

3.3.5 焊锡膏的组成

焊锡膏可以看做是由三个不同的部分组成：

- **焊锡材料粉末**——决定了焊锡材料的材料性能；
- **载体**——是合金粉末和助焊剂的载体；
- **助焊剂**——清理合金粉末和衬底表面，使二者紧密接触以获得良好的浸润性和高可靠性的金属焊接界面。

载体和助焊剂在焊接完成后对焊接界面没有应用价值，但对形成可靠的焊接界面具有至关重要的作用，焊料合金粉末是唯一用于形成金属焊接界面的部分。在焊锡膏的成分中，这三个部分缺一不可。

焊锡膏的性能取决于其流动性，即可流动和可变形。流动性由许多因素决定，如粉末尺寸（55μm、75μm 或 150μm）、形状、浓度、载体黏度等。通常来说，小粉末尺寸是薄膜沉积的首选；焊料粉末含量高有利于形成焊点但易于干燥；高黏度的载体能提高流动性而不受温度的影响，但会使焊锡膏难于印刷或涂覆。焊锡膏分为可印刷与可涂覆焊锡膏两种，区别在于粉末浓度或金属含量。金属含量较低（ -85%）或黏性较低的焊锡膏更适合扩散。

常用的助焊剂大致可分为四类：

- 无清理型；
- 水溶性；
- 松香型；
- 活性合成型。

在这四类中，水溶性助焊剂是最佳选择。有时焊接表面有阻碍层，如氧化层、氢氧化物层和硫化物层等。这些阻碍层会阻碍焊料的润湿和铺展，这时可选择松香助焊剂。松香型助焊剂有如下几种：

- R（松香未活化型）；
- RMA（松香中度活化型）；
- RA（松香活化型）。

助焊剂在焊料中的比例一般占6% ~25%。提高助焊剂的比例可以提高可焊性，但会产生腐蚀问题，损坏裸露芯片。RMA 是最常用的型号，但理想的情况是不使用任何助焊剂。

3.3.6 生产、工艺和设备条件

- **匹配性**：能使用已有的设备进行生产；

- **生产条件**：焊接模具，寿命大于4h；
- **回流曲线**：含铅焊料和无铅焊料具有不同的曲线；
- **保护条件**：氮气是最理想的保护气，尤其对无铅焊焊；
- **储存条件**：0 到 10℃货架，寿命大于 3 个月；
- **工作环境**：温度 18 ~22℃，相对湿度 40% ~60%，等等。

焊料产品的质量同样重要。焊料质量必须满足甚至超过行业的标准：

- IPC – J – STD – 004；
- IPC – J – STD – 005；
- IPC – J – STD – 006；
- IPC – SF – 818；
- BELLCORE TA – NWT – 000078；
- ISO 9453；
- ISO 9454 – 1；
- ISO 9455 – 1；
- QQ – S – 571。

以下是一些知名厂商的名单：

- 焊锡膏：
  — Advanced Metal Technology（AMTECH）；
  — Alpha Metal；
  — ESP Solder Plus；
  — Heraeus；
  — Kester Solder；
  — Multicore Solder。
- 焊料半成品：
  — AIM；
  — Coining Corporation of America；
  — Gardiner Solder；
  — Kester Solder；
  — Semi – Alloy。
- 环氧树脂：
  — Ablestik；
  — Epoxy Technology；
  — AI Technology。
- 银微粒注入型玻璃互连材料：
  — Quantum Materials；
  — Amicon。

参考文献

1. Ginsberg, G.L. and Schnorr, D.P., *Multichip Modules and Related Technologies*, McGraw-Hill, New York, 1994.
2. Licari, J.L. and Enlow, L.R., *Hybrid Microcircuit Technology Handbook*, 2nd edition, Noyes Publishing, Park Ridge, NJ, 1998.
3. Harper, C.A., *Handbook of Thick Film Hybrid Microelectronics*, McGraw-Hill, New York, 1974.
4. Holtzer, M., Using solder preforms for higher productivity, *Circuit Assembly*, Apr. 2000.
5. Bogatin, E., Lead-free is coming, *Semiconductor International*, Apr., 2002.
6. Pecht, M.G., Agarwal, R., McCluskey, P., Dishongh, T., Javadpour, S., and Mahajan, R., *Electronic Packaging Materials and Their Properties*, CRC Press, Boca Raton, FL, 1999.
7. SMT Supplement, Guide to lead-free soldering, *SMT*, June 2000.
8. Indium Corporation of America, *Specialty Solder and Alloy Technical Information*, No. 97582 R2, 1997.
9. Hwang, J.S., Guo, Z., and Koenigsmann, H., Lead-free solder, *SMT*, March 2000.
10. Hwang, J.S., Lead-free Solder, the Sn/Ag/Cu system, *SMT*, July 2000.
11. Prasad, R.P., Lead-free solders and their properties, *SMT*, Feb. 2000.
12. Bath, J., Handwerker, C., and Bradley, E., Research update: lead-free solder alternatives, *Circuit Assembly*, May 2000.
13. Zarrow, P., The true cost of lead-free, *Circuit Assembly*, June 2001.
14. King, J.A., *Materials Handbook for Hybrid Microelectronics*, Artech House, Norwood, MA, 1998.
15. National Center for Manufacturing Science, NCMS lead-free solder project, *SMT*, Feb. 2000.
16. Hwang, J.S., The Pb, Ag, Bi, Sb-free solder system, *SMT*, Apr. 2000.
17. Hwang, J.S., Lead-free solder, the Sn/Ag/Bi system, *SMT*, June 2000.
18. Seelig, K. and Sinaski, D., The status of lead-free alloys, *Circuit Assembly*, Sept. 2000.
19. Hwang, J.S., Solder materials, *SMT*, Mar. 2001.
20. Hwang, J.S., Guo, Z., and Koenigsmann, H., High-strength and high fatigue resistance lead free solder, *SMT* supplement, *Guide to Lead-Free Soldering*, June 2000.
21. Sergent, J.E. and Krum, A., *Thermal Management Handbook for Electronic Assemblies*, McGraw-Hill, New York, 1998.
22. Bath, J., Handwerker, C., and Bradley, E., Research update: lead-free solder alternative, *Circuit Assembly*, May 2000.

3.4 功率互连与功率端子

最常用的功率互连方法是使用金线或铝线进行引线键合互连。在功率 IGBT 模块中，铝键合线把 IGBT/FRED 上表面的铝镀层和陶瓷衬底的镍镀层通过超声楔形键合的方式连接在一起。

在功率器件的键合中使用铝线有以下三个原因：

- 功率器件中的较大电流需要较粗的导线。使用多条金线才能达到一条铝线的电流承载力。铝线的电阻率很低，只有 $2.65\times10^{-10}\Omega\cdot cm$；
- 铝线比金线便宜很多；
- 功率芯片的较高结温会加速金属间化合物的形成。铝线键合在功率芯片的铝镀层上不会产生科肯德尔孔隙，相比金线具有更高的可靠性。铝线键合到模块其他部件的表面镍镀层上同样具有很高的可靠性。

军标 MIL－M－38510 定义不同尺寸铝线的最大电流承载量的标准见表 3.38。

表 3.38 不同尺寸铝线的最大电流承载量

材料	直径	最大电流/A	
		$L<0.040$in①	$L>0.040$in①
铝（Al/1% Mg）	0.001	0.696	0.481
	0.002	1.968	1.360
	0.005	7.778	5.374
	0.008	15.742	10.876
	0.012	28.920	19.981
	0.015	40.417	27.924
	0.022	71.789	49.600

① 1in＝2.54cm

通常情况下，表 3.38 中的最大电流承载量水平在考虑安全系数（0.5）后会进一步下降。例如长度大于 0.040in，直径 0.012in 和 0.022in 的铝线载流量会分别降低至 10A 和 25A。

相较于纯铝，铝合金（Al/1% Mg，Al/1% Si）的应用更加广泛。Al/1% Mg 比 Al/1% Si 在以下两个方面更具优势：

- 疲劳抗性；
- 耐高温性能。

3.4.1 功率端子

功率端子成型有以下两种方法：

- 通过与陶瓷镀层焊接或与壳体结合使端子成型；
- 通过拉伸或弯曲陶瓷镀层使端子成型。

3.4.1.1 通过与陶瓷镀层焊接或与壳体结合使端子成型

用于制造功率端子和快接导片的金属所应具以下性能：

- 低电阻；

- 高机械强度；
- 高弹性模量；
- 蠕变抗性好；
- 耐磨性好；
- 耐氧化；
- 耐腐蚀；
- 成本低。

下面几章总结了常用金属的特性，均为铜合金或镍基合金。

1. 铜合金

铜合金是所有合金中导电性最好的合金。铍铜合金（BeCu，C170，C172）具有良好的机械性能和耐腐蚀性能而被广泛应用于功率端子。时效硬化铍铜合金具有1500MPa的抗拉强度，硬度高，具有良好的疲劳抗性以及良好的耐磨性。铍铜合金可以轻易地形成复杂的形状，能大幅弯曲不会折断。铍铜合金耐腐蚀性强、导电性高、在铜合金中硬度最大、耐磨性良好、制造简易，是功率端子制造中特性最优秀的材料，其缺点是成本高。

掺杂5%的Sn和0.2%P的磷铜合金具有良好的疲劳抗性和抗腐蚀性，其抗拉强度高、可吸收能量、耐磨性良好。磷铜合金的导热性和导电性都较好（是Be/Cu的70%），而且成本低。

2. 镍基合金

镍基合金（Ni200和270）通常比铜合金具有更高的强度和硬度。时效硬化前可成型等优点提高了它的抗应力腐蚀性能、电兼容性、弹性和低应力松弛性，还具有形成包层或平层的能力。此类合金最重要的属性是在高温下可保持强度和硬度。兼具此特性和较高电流承载力、较高疲劳强度，使得含Ni合金成为高温功率端子的首选材料。

铍镍合金（包含1.95%的Be和0.5%的Ti）。通过沉淀硬化处理，此类合金是室温到500°C范围内硬度最高的镍合金，并具备所有镍合金的性能，即高温下较低应力松弛、高弹性模量、高疲劳强度和耐腐蚀性。但是，它的导电能力只有铍铜合金的1/5。

其他金属合金，如铝合金、钴合金或锌合金并不像铜合金或镍合金一样适合于作为功率端子材料。纯铜具有良好的导电性能，抗腐蚀性和低成本，但抗拉强度只有铍铜合金的10%。

表3.39、表3.40和表3.41列出了这些金属合金的电镀特性和特点。

表 3.39 铜合金

特性	合金 260 黄铜	合金 172 铍铜合金	合金 510A 级磷铜合金	合金 638	合金 725	合金 762 Ni/Ag
常规成分	Cu 70 Zn 30	Cu 98.1 Be 1.9	Cu 94.81 Sn 5.0	Cu 95 Al 2.8 Si 1.8 Co 0.4	Cu 88.2 Ni 9.5 Sn 2.3	Cu 59.25 Zn 28.75 Ni 12
20℃电导率/(μΩ/cm)	0.163	0.128	0.087	0.058	0.064	
20℃热导率/(W/m·℃)	121	109~130	68.6	40.6	54.4	41.8
20℃密度/(g/cm³)	8.54	8.26	8.86	8.29	8.89	8.70
弹性模量/GPa	112	130	112	117	135	127
屈服极限/MPa						
退火温度	70~220	109	150	410~470	180	200
	290~410	123	330~480	530~630	400~510	410~580
	460~530	127	520~620	640~720	520~560	580~680
	580~630	N/A	650~760	700~790	550~650	710~770
	600~690	N/A	690~770	750min	630~720	720min

表 3.40 镍基合金

特性	镍 200	镍 270	杜拉镍合金	铍镍合金
常规成分	99Ni	99.97Ni	93Ni，4.5Al	98Ni
电导率（μΩ/cm）	0.106	0.134	0.024	0.027
热导率（W/m·℃）	206	206	206	186~207
弹性模量/GPa	379~758	344~655	620~1448	655~1861
屈服极限/MPa	103~689	103~620	209~1206	275~1586

表 3.41 功率端子的电镀特性

电镀材料	电镀特性
银	银电解液是电源端子电镀最常用的材料
	暴露在空气中会被氧化成氧化物，接触电阻增大
金	良好的抗腐蚀性
	良导体
	低接触电阻
	抗高温氧化
	可焊性好
	成本高

（续）

电镀材料	电镀特性
镍（非电镀）	抗腐蚀
	导热和导电能力一般
	易变质，长期暴露在轻度腐蚀性环境中变黄，严重暴露变绿
	作为防止银扩散到金中的防护层
	良好的耐磨性
	包含的空隙比电镀镍少
	成本低
铑	优异的耐磨性
	导电性比金和银弱
	成本很高
	有微裂纹倾向
锡	电镀锡具有优良的可焊性
	良好的抗腐蚀性且无毒性
	比金和银的导电性弱
	成本低
镍层敷金层	重复插入性好且抗腐蚀性强
	普遍的尺寸是150μ in镍层上敷25μ in金层
镍层敷铑层	耐磨性好
	高温制取
	比其余电镀材料的接触电阻高

从表中可以看出，Be/Cu和电镀镍的Ni200、270系列均可应用于功率模块。纯铜可用于功率端子却不能用于快接导片，因为纯铜不能经受反复插入和拔出。功率端子和快接导片可以通过刻蚀或冲压金属合金板来形成。

功率端子通常是通过石墨夹具或半自动垂直装配机器焊接在陶瓷衬底金属层上，夹具需要能够在回流炉中工作。焊接界面也可以通过扩散形成半成品的形态，配合Powerex或Econo-Pak系列的壳体，通过引线键合互连的方式连接电路。

快接导片的一端被连接到预制的绝缘绞合线上，另一端通过焊接与陶瓷衬底金属层相连。

3.4.1.2　拉伸或弯曲陶瓷镀层使端子成型

陶瓷衬底上直接敷铜层或活性钎焊覆铜可以被拉伸到超过衬底边缘的程度，然后弯曲来使端子成型。拉伸弯曲边缘形成回弯的区域可增加绝缘面积，并形成钩状形态来消除应力。铜层通常为最小厚度 12mil 的半硬化无氧铜，超出衬底的延伸限度是 30mm。因此，这种类型的功率端子更适合小功率封装，如 12mm 小功率经济型模块。

参 考 文 献

1. Harper, C.A., *Electronic Packaging & Interconnection Handbook*, 2nd edition, McGraw-Hill, New York, 1997.
2. Pecht, M.G., Agarwal, R., McCluskey, P., Dishongh, T., Javadpour, S., and Mahajan, R., *Electronic Packaging Materials and their Properties*, CRC Press, Boca Raton, FL, 1999.
3. Interconnect Devices, Inc., *Catalog & Source Book*, 2000.

3.5 灌封材料

潮湿引起的腐蚀对硅芯片来说具有 1eV 的活化能，每增加 9℃，腐蚀反应的速率会增加一倍。这将极大影响芯片的使用寿命，为此芯片必须受到相应的保护。

灌封材料的根本目的是为了保护恶劣环境下如潮湿、化学品、气体中的功率芯片和引线接点。灌封材料同时为导体间提供了额外的绝缘保护，以防止电压过高。如果敷形涂层含有氢氧化铝粉末填料，还会防止模块在高压下产生电弧。条件允许的情况下，灌封材料也可以作为散热介质。一般情况下，灌封材料不允许封装后再进行返工，因此一般采用电子模拟试验。应当指出的是，虽然灌封材料能有效地防止外界污染物与芯片与引线接触，但同时又会阻碍封装过程中引入的表面污染物向外界扩散。对表面进行严格的清理是确保封装长期可靠性能的重要条件。封装应该在可控的环境中进行。

IPC - HDBK - 830 是灌封材料涂覆设计、选择和应用的工业指导标准。尽管这一标准是为表面贴装产品设立的，其中的许多结论同样适用于功率模块。

3.5.1 选择标准

- 高纯度——与半导体芯片直接接触；
- 低吸水率；
- 低气体渗透性；
- 良好的热性能—良好的热导率和热膨胀系数；合适的使用温度范围（-50~150℃）；
- 高绝缘度—介电强度大于 250V/mil；

- 高机械强度；
- 高抗化学腐蚀性；
- 优良的使用性能——使用寿命长，易于应用（无论是通过渗透或浇注）；
- 性价比高；
- 无毒性，环境无污染，UL认证。

以下几类敷形涂层可以选择：

- 硅酮树脂；
- 硅酮；
- 聚对二亚甲苯（聚对二甲苯）；
- 氮化硅；
- 丙烯酸；
- 聚氨基甲酸乙酯；
- 环氧树脂。

3.5.2 选择方法

正如前面一节所进行的描述，选择一种敷形涂层必须首先考虑一些重要的属性。由于敷形涂层与裸露的芯片直接接触，必须具有足够的纯净度而且能与芯片兼容。封装之后，必须有足够长的储存寿命保证功率模块能在后续工业流程中保持一定的可用性。敷形涂层应该易于使用，安全并且无污染。敷形涂层不应在引线和元器件上产生收缩和过大的机械应力。敷形涂层还应该能长期阻止水分和化学污染，提供足够的电阻值，在预期的温度下不产生裂纹。敷形涂层应该具有足够的机械强度能够支撑起功率端子和封装。尽管研究者一直希望能做到功率模块可修复，但是大多数芯片、引线和灌封材料使得这一点无法实现。

目前还没有一种敷形涂层能满足所有的要求。一些供应商采用多层的灌封材料来利用每一种灌封材料的独特优点。多层的灌封材料比单层的灌封材料强度更高，但是更重。由于热膨胀的关系，顶层的敷形涂层会向凝胶施加一个向下的压力。这个向下的压力可能会对长期可靠性造成不利的影响。封装结构会影响敷形涂层的选择。如果使用单层灌封，在芯片/引线装配敷形涂层和封装壳体顶端间会产生一个空隙，这个空隙保证了敷形涂层可以具有很多选择。如果使用多层灌封，那么封装会具有更大的强度，但是敷形涂层的选择就只能是与电气元件紧密接触的硅酮树脂了。

3.5.3 灌封材料简述

3.5.3.1 硅酮树脂灌封材料

硅酮树脂是一种热固性塑料，是与半导体芯片、引线和衬底能紧密接触的最好材料。作为灌封材料使用时，硅酮树脂具有许多出色的特性，比如高纯度、高温性能、低温性能、耐候性、化学性能和低毒性。由于硅酮树脂的柔性，对小元器件的压力非常小，而且能吸收由于附近材料的热膨胀所引起的应力。良好的耐热性使得它成为产热模块最理想的材料。常用单组份或两组分的硅酮树脂可以是二甲基、苯基或氟基化合物。二甲基硅胶在电子工业应用中成本最低的材料。苯基硅脂是低温元器件最常用的材料，而荧光硅脂是耐溶剂的激发元器件最常用的材料。苯基硅脂和荧光硅脂相当昂贵的材料。

由于硅酮树脂灌封后不允许返修，在模块管壳灌封前必须进行一次测试。

有的硅酮树脂不易于使用，应用前必须进行脱气，否则储存寿命不足。为了消除硅酮树脂固化后的空隙，混合时必须排除进入的空气。灌封前该混合物应当被放置在真空环境中，材料会起泡并膨胀到原体积的四倍左右，最后收缩到原来的体积。起泡过程大概持续 2min，整个过程大概需要 3 ~ 10min。混合组分硅凝胶时可以使用静态产品混合器，减少了单独的真空脱气过程。静态混合器的价格约为 10000 美元。

注意：硅酮树脂一定要在可控环境下使用。

3.5.3.2 硅酮灌封材料

由于硅酮的热膨胀系数高（70ppm/℃）刚度大（弹性模量为 2.2GPa），因此与元件紧密接触时会引起长期可靠性问题。

由于硅酮与硅酮树脂的化学兼容性，可以作硅酮树脂的覆盖层。它们都是热固性塑料，广泛应用于功率芯片。这类灌封材料提供耐高湿度、耐腐蚀性和耐高温特性，能应用于高发热芯片的灌封，其缺陷是机械强度低。

由于硅酮树脂具有不可溶性，也不会气化，几乎不可能被修复，模块管壳灌封前最好能进行全面的测试。

3.5.3.3 聚对二甲苯覆层

由于在许多重要方面的特性是独一无二的，聚对二甲苯覆层对所有工况下都要求耐久性和可靠性的元器件来说是最好的选择。此类材料需要在气压 0.1Torr⊖以下的蒸汽沉积环境中固化，沉积发生在室温下无溶剂、无热应力、无机械应力、无化学应力的环境中，该真空处理过程需要特殊的专业真空处理设备。

另一个重要的特点是，高活度的气体单分子在真空室内不会被机械障碍物所阻碍。所有裸露的表面上都能形成一层薄且均匀的敷形涂层，包括尖角、边缘、小缝隙，以及器件下方。敷形涂层的厚度一般为 0.5 ~ 2mil，击穿电压为 287kV/mm（7.3kV/mil）。这种均匀敷形涂层可以在潮湿和污染环境下提供更好的保护，

⊖ 1Torr = 133.322Pa。

但是不能为封装和功率端子提供任何机械支撑。

需要特殊的真空沉积设备是最大的缺陷。由于聚对二甲苯会沉积在所有裸露的表面了，如果封装中需要有遮蔽的部分，如连接器等，则需要使用特殊的工艺过程开发。这种敷形涂层会在未来大量应用。

3.5.3.4　氮化硅涂层

氮化硅通常用于集成电路的钝化层，能在位芯片和引线的钝化层。随着等离子沉积系统已经发展，低应力氮化硅涂层应用于混合封装的元器件中。0.5mm左右的氮化硅涂层能提供优良的抗湿度和环境污染的能力，不足之处在于需要特殊的加工设备。就像聚对二甲苯覆层一样，不能为封装和端子提供任何的机械支撑。

3.5.3.5　丙烯酸灌封材料

丙烯酸树脂是热塑性材料。从生产角度来看，是一种易于应用的优秀敷形涂层系列。其固化膜可以通过浸泡在氯化溶剂，如三氯乙烷或二氯甲烷中去除，产生故障时能够进行返修。丙烯树脂膜具有理想的电气和物理性能，还具有良好的抗菌性。除此之外，这种材料有很长的储存寿命，允许生产过程长期进行；其固化过程放热低，甚至不放热，避免了热敏元件的损坏；固化过程无收缩。其缺陷是，耐溶剂腐蚀性差，特别是氯化溶剂；机械强度低；持续工作温度只有80～100℃。

由此可见，丙烯酸树脂不是元器件灌封材料的较好选择。

3.5.3.6　聚氨基甲酸乙酯灌封材料

聚氨基甲酸乙酯灌封材料可用于单组份或双组份系统，在扩展期能提供良好的耐湿性和抗化学腐蚀性，以及良好的介电特性。它具有很高的机械强度，能为封装和端子提供机械支撑，其抗化学腐蚀性使得如果出现缺陷将会无法返修。和有机硅一样，聚氨基甲酸乙酯也是一种热固性塑料。

如果采用多层结构，聚氨基甲酸乙酯灌封材料可被作为顶层敷形涂层，能提供良好的机械保护，但是对硅凝胶无效。当用到硅酮树脂时，必须进行真空脱气处理使得起泡形成的空隙消失。这种材料在固化过程中会产生热量，并且固化周期长，产品的连续工作温度不能超过125℃。

3.5.3.7　环氧树脂灌封材料

作为一种热固性塑料，环氧树脂敷形涂层提供了良好的耐湿性、耐磨性和耐化学腐蚀性。像聚氨基甲酸乙酯一样，环氧树脂敷形涂层具有良好的机械强度。由于任何脱层剂在剥离敷形涂层的同时也会损伤元器件，环氧树脂敷形涂层几乎是不可能返修的。

当使用环氧树脂的时候，必须使用一些缓冲材料如硅酮树脂来保卫脆弱的芯片部分，以防止在聚合过程中因发生皱缩产生损毁。初始室温固化后再提高温度可以使环氧树脂固化，这种额外的固化周期在初始固化阶段具有很高的产热量。环氧树脂也需要真空脱气处理，脱气压为29mmHg㊀，直到发泡过程结束，将环氧树脂加热到60℃会使脱气过程更快更容易。环氧树脂具有较短的储存寿命，而且环氧树脂和固化剂会引起皮疹、皮炎和眼部刺激。提高温度后，环氧树脂的蒸汽会刺激呼吸系统，所以工作区域必须有良好的通风环境。

如果采用多层结构，环氧树脂可以作为顶层材料，其产品持续工作温度不能高于125℃。

表3.43给出了几种灌封材料的优势和劣势对比。在表中，A是最好的等级，D是最差的。

表3.42　敷形涂层特性的概述

材料	抗拉强度/MPa	弹性模量/GPa	电导率/(W/m·K)	热膨胀系数/(ppm/℃)	电阻率/Ω·cm	1MHz下介电常数
硅酮树脂	—	—	0.16	—	2×10^{15}	60Hz下为2.7
硅酮	10.3	2.21	0.15~0.31	70	$10^{15}\sim10^{17}$	2.9~4.0
聚对二甲苯	45~76	—	0.08~0.12	35~69	—	—
丙烯酸	12.4~13.8	0.69~10.34	0.12~0.25	50~90	7×10^{13}	V
聚氨基甲酸乙酯	5.5~55	0.172~34.5	0.07~0.31	100~200	3×10^{8}	5.9~85
环氧树脂	55~82	2.76~3.45	0.17~0.21	45~65	$10^{13}\sim10^{16}$	3.2~3.8

表3.43　敷形涂层特性指南

	硅酮树脂	硅酮	聚对二甲苯	氮化硅	丙烯酸	聚氨基甲酸乙酯	环氧树脂
应用难易度	B	C	D	D	A	B	B
化学去除	C	D	—	D	A	B	D
烧除	—	D	D	—	A	B	C
耐磨性	B	B	B	D	D	A	A
机械强度	D	C	B	B	D	A	A
温度抗性	B	A	A	A	D	D	B[a]
抗湿性	B	A	A	A	B	A	C
储存寿命	C	D	—	—	A	B	D
室温固化	C	C	—	—	A	B	B
升温固化	C	C	—	—	A	B	B

注：新型的环氧树脂系列最大持续工作温度可达到150℃以上。

㊀ 1mmHg=133.322Pa

3.5.4 制造方案

表 3.44 列出了功率模块封装一般实际选择的材料，表 3.45 总结了主要灌封材料的优点和缺点。

表 3.44 功率模块封装的实际材料选择

单层结构		多层结构	
接触层	顶层	接触层	顶层
硅酮树脂	无	硅凝胶	聚氨基甲酸乙酯
聚对二甲苯	无	硅凝胶	环氧树脂
氮化硅	无	硅凝胶	硅酮

表 3.45 四种主要灌封材料的优缺点

种类	优点	缺点
硅酮	工作温度能达到 200℃	强度低
	固化过程产热少甚至不产热	
	良好的柔度	可能需要良好的黏合底漆
	良好的电特性	
	良好的抗环境腐蚀性	储存寿命短
	低毒性	
	纯度高	
环氧树脂	固化温度区间大，从低于室温到 204.4℃(400℉)	低温脆性
	黏度范围大	难以修理
	良好的附着力	储存寿命短
	固化产热少甚至不产热	抗湿的长期性能差
	200℃以下热稳定性好	固化是会皱缩
	成本低	引起皮疹、皮炎、眼部和呼吸道刺激
	抗化学腐蚀	
	完美的电特性	
	良好的机械强度	
聚氨基甲酸乙酯	耐磨性好	与硅凝胶的附着力差
	附着力强，皱缩小	最大工作持续温度为 125℃
	良好的电特性	耐化学腐蚀性差
	机械强度高	被一些溶剂腐蚀
	抗环境腐蚀性好	
	储存寿命长	

（续）

种类	优点	缺点
丙烯酸	良好的抗湿性	耐磨性差
	优良的介电性能	机械强度低
	优良的耐电弧性	耐化学腐蚀性差
	易于返修	最大工作持续温度为 80～100℃
	储存寿命长	
	皱缩量小	

硅酮树脂的使用必须在可控环境区域内进行，如层流罩中，芯片表面必须保持清洁和干燥。硅酮树脂通常以扩散的方式涂覆到约 0.1～0.15mm 高的预置衬底上，可将陶瓷衬底、功率半导体芯片和所有的铝线完全密封。要防止硅酮树脂制备过程中的热固化，会使硅酮树脂产生气孔，部分固化的硅酮树脂抗溶剂腐蚀性能差，会产生裂纹、翘曲等缺陷。通常生产厂商会将模块预热到 60～80℃，然后涂覆硅凝胶并在 60℃下进行真空除气和室温固化，直到硅凝胶完全固化。之后通过扩散或浇注顶层灌封材料，直到硅凝胶和覆盖层之间的空隙完全被填满。在智能功率模块（IPM）中，整个控制部分电路板被插入敷形涂层中。可以使用任何一个推荐的固化曲线，如果想获得更好的性能，在初始固化后进行 100℃下 1h 的保温处理，当然也可以采用其他的定制型固化过程。这种固化可以在不过度放热或吸热大型铸模中进行。

注意：需要在封装过程中缩短所有栅极端子和发射极端子。

3.5.5 供应商

- **硅酮树脂**：General Electric、Dow Corning，Shin－Etsu；
- **硅酮**：General Electric、Dow Corning，Shin－Etsu、Emerson&Cuming；
- **聚对二甲苯**：Union Carbide、Parylene Coating Services；
- **丙烯酸**：Emerson&Cuming、Miller－Stephenson；
- **环氧树脂**：Conap、Emerson&Cuming、Ciba－Geigy。

3.5.6 供应商产品特点

表 3.46～表 3.56 展现了不同供应商生产的灌封材料的主要特点。

表3.46　从 Shin－Etsu 发表的文章上截取的 Dimethy1 型硅酮树脂的典型特性

特点	KE 1052 A/B 通用型	KE 1052 A/B 较快固化型	X－832－050 A/B 快速固化型	X－832－033－1 A/B 软化型
固化前				
外观	透明			
黏度，周期/秒，25℃	1000	1000	750	850
密度，25℃	0.97			
储存寿命，℃	4h	30min	5min	2h
混合比	1:1			
物理特征				
固化条件	60min/100℃	15min/100℃	60min/25℃	4h/50℃
渗透，0.10mm	65	65	70	100
电气特性				
体积电阻率/Ω·cm	2×10^{15}			
介电强度/（kV/mm）	20			
介电常数，60Hz	2.7			
耗散因子，60Hz	2×10^{-4}			
工作温度	－55～200℃			
热导率/（cal㊀/cm·s·℃）	3.9×10^{-4}			
成本	约10美元/lb	约10美元/lb	约10美元/lb	约11美元/lb

表3.47　从 Dow Corning 发表的文章上摘录的硅酮树脂的典型特性

特点	KE 1052 A/B 通用型	KE 1052 A/B 较快固化型	X－832－050 A/B 快速固化型	X－832－033－1 A/B 软化型
固化前				
外观	透明	变绿	透明	透明
黏度，周/秒，25℃	425	475	545	3250
密度，25℃	0.97			
储存寿命，℃	90min	7min	30min	30min
混合比	1:1			
物理特征				
固化条件	20min/125℃	NA	10min/100℃	10min/100℃
渗透，0.10mm	45	50	45	55
电性能				
体积电阻率/Ω·cm	7×10^{15}	7×10^{15}	1.05×10^{15}	1.1×10^{15}
介电强度/(kV/mm)	15.1	15.1	17.7	16.3
介电常数，60Hz	2.85			
耗散因子，60Hz	0.002^4			
工作温度	－55～200℃			
热导率/(cal/cm/s·℃)	$<4\times10^{-4}$			
成本	约8美元/lb	约10美元/lb	约10美元/lb	约12美元/lb

㊀ 1cal＝4.1868J。

表 3.48 Dow Corning3140 型硅酮敷形涂层的典型特性

类型	单一无溶剂有机硅橡胶
物理形态	可立即使用的黏性液体
固化条件	25℃&20% 相对湿度下 24 ~ 72h
特性	无腐蚀性，自流平
主要用途	电子设备的介电灌封层
主要性能	
黏度	350
敷形涂层厚度	每次浸渍 15mil
浸没时间	25min
空置时间	1.5h
固化时间，25mil 厚	24h，25℃
固化时间，0.125mm 厚	72h，25℃
完全固化时间，0.125mm 厚	7 天，25℃
不挥发含量	97%
固化后物理性能	
外观	澄清
25℃	1.05
硬度计硬度	22 分，等级 A
抗拉强度	300psi
应变量	350%
撕裂强度	20ppi①，压 B
剥离强度	24ppiw，涂铝
体积膨胀，25 ~ 100℃	8.8×10^{4} cc/cc − C
固化后电特性	
介电强度	500V/mil
体积电阻率	$5\times10^{14}\Omega\cdot$cm
25℃下介电常数	100Hz 时 2.64；100kHz 时 2.63
25℃下耗散因子	100Hz 时 0.0016；100kHz 时 0.0004

① ppi，即磅/英寸，1ppi = 0.1751kN/m。

表 3.49 混合材料 STYCAST S 5225A/B 双组分硅酮的特性

性能	试验方法	单位	数值
混合比例：B 在每 100 份 A 中占的量		重量	100
		体积	100

（续）

性能	试验方法	单位	数值
工作寿命（25℃ 100g 时）	ERF 13-70	小时数	4
密度	ASTM-D-792	g/cm^3	1.59
布氏黏度	ASTM-D-2393	Pa·s	2.42
	50r/min	cP①	2420

① cP，厘泊，1cP=1mPa·s。

表 3.50　固化时间

温度（℃）	固化时间
25	16h
100	1h
150	30min

表 3.51　使用后材料的特性

性能	试验方法	单位	数值
硬度	ASTM-D-2240	邵氏硬度 A	153
玻璃化转变温度	ASTM-D-3418	℃	-120
使用温度		℃	-60～220
介电强度	ASTM-D-149	kV/mm^3	17.7
		V/mil	450
1MHz 下介电常数	ASTM-D-150	—	3.0
1MHz 下耗散因子	ASTM-D-150	—	0.01
25℃下的体积电阻率	ASTM-D-257	Ω·cm	1.5×10^{13}

表 3.52　从 Parylene Coating 公司发表的文章中截取的聚对二甲苯覆层的典型特性

特征	聚对二甲苯 N	聚对二甲苯 C	聚对二甲苯 D
物理性能			
密度/(g/cm^3)	1.110	1.289	1.418
抗拉强度/MPa	43	55	62
吸水率，6h 后	<0.10%	<0.10%	<0.10%
电学性能			
体积电阻率/Ω·cm	1×10^{17}	6×10^{16}	2×10^{16}
介电强度/(kV/mm)	15.1	15.1	17.7
介电常数，60Hz	2.65	3.15	2.84
耗散因子，60Hz	0.0002	0.020	0.004
热性能			
熔点/℃	410	290	380
热导率/(W/m·K)	0.120	0.082	—
成本	对于功率模块来说，灌封材料的成本可以保持较低的水平，因为可以进行批量灌封。购买一套聚对二甲苯沉积设备大概要 500000 美元		

表 3.53 从 Ciba－Geigy 发表的文章上截取的热固化环氧树脂的典型特性

	环氧树脂 CW 5702 US	固化剂 HY 5703 US
黏度/cP	495000	70
密度	1.87	1.19
颜色	黑色	琥珀色
混合比，重量	100:30	
混合比，体积	100:47	
混合黏度/cP	4000	
室温下工作寿命	>6h	
固化时间	90℃下 2.5h＋140℃下 2.5h	
邵氏硬度	95D	
应变（%）（断裂后）	1.1	
抗拉强度/psi（断裂后）	8700	
玻璃化温度/℃	140	
热导率/（cal/cm·s·℃）	15.6E－04	
热膨胀系数/℃	40E－06	

表 3.54 Conap CONAPOXY 环氧树脂 FR－1401 型灌封材料的特性

	A 部分	B 部分
产品性能		
25℃下黏度	7500cP	9500cP
密度	1.54	1.57
颜色	黑色	棕褐色
固化性能		
邵氏硬度 D		82
抗拉强度/psi		3200
应变量（%）		8
阻燃性，1/8in		UL－94 VO
25℃下电特性		
100Hz 介电常数		5.10
1kHz 介电常数		4.73
1MHz 介电常数		4.18
100Hz 耗散因子		0.065
1kHz 耗散因子		0.039

（续）

	A部分	B部分
25℃下电特性		
1MHz耗散因子		0.017
体积电阻率/Ω·cm		6.2×10^{15}
表面电阻/Ω		2.3×10^{15}
介电强度(0.125mm厚)/(V/mil)		>400
加工参数		
混合比，重量，树脂/固化剂		1:1
混合比，体积，树脂/固化剂		1:1
25℃初始混合黏度		8700cps
25℃下工作寿命，200gm质量		30min
放热峰值，200gm质量		101℃
25℃完全固化时间		48~72h
成本/(美元/lb)		2

表3.55 Conap CONATHANES 聚氨基甲酸乙酯灌封材料的特性

性能		EN-2541	EN-2555
颜色	A部分	暗琥珀色	澄清
	B部分	棕褐色或黑色	黑色
混合颜色		棕褐色或黑色	黑色
25℃下黏度/cP	A部分	200	198
	B部分	30000	10840
25℃下混合黏度		6000	4000
25℃下比重	A部分	1.22	1.08
	B部分	1.69	1.62
混合物		1.65	1.61
混合比，重量，树脂/固化剂		16/100	24/100
储存寿命（1-lb质量）		70min	35~40min
25℃下固化时间		5~7天	5~7天
60℃下固化时间		1.5h	24h
25℃下放热峰值		40℃	43℃
60℃下放热峰值		81℃	100℃
25℃胶化时间（1-lb质量）		90min	—
60℃胶化时间		15min	6h

（续）

性能	EN – 2541	EN – 2555
邵氏硬度 D	70	65
抗拉强度/psi	1600	2000
热膨胀系数/in/in/℃	15.1×10^{-5}	11.4×10^{-4}
体积电阻率/Ω · cm（25℃）	1.6×10^{14}	7.7×10^{13}
成本/(美元/lb)	5	6

表 3.56 Miller – StephensonMS – 467N 丙烯酸敷形涂层的特性

电性能	
介电强度/(V/mil)	2000
10^5 Hz 下的介电常数	3.42
10^5 Hz 下耗散因子	0.031
物理性能	
玻璃化温度	80℃
Tukon 硬度值，无努氏硬度	13
酸度	5
抗拉强度（23℃，相对湿度 50%）	11MPa，1600psi
断裂时应变量（23℃，相对湿度 50%）	0.5%
工作温度	–5 ~ 80℃

参考文献

1. Harper, C.A., *Electronic Packaging Interconnection Handbook,* 2nd edition, McGraw-Hill, New York, 1997.
2. Pecht, M.G., Agarwal, R., McCluskey, P., Dishongh, T., Javadpour, S., and Mahajan, R., *Electronic Packaging Materials and Their Properties*, CRC Press, Boca Raton, FL, 1999.
3. Speedline Technologies, *Parylene Conformal Coatings, Specifications and Properties* 1998.
4. Dow Corning, *Information about Dow Corning Brand Conformal Coatings*, 2000.
5. Robins, M., Globtop encapsulation for today's packages, *Electronic Packaging and Production*, Feb. 2002.

3.6 塑料管壳和端盖

模块的塑料管壳和端盖要达到以下五点目的：

- 机械保护；

- 环境保护；
- 端子之间具有很大的距离防高压漏电；
- 为端子做机械支撑；
- 使电气和机械接口标准化。

模块中的功率回路是由铝线互连的，尽管这些引线都被埋进柔软的硅凝胶中，仍然会由于操作失误而损坏。功率模块含有功率IGBT芯片、铝线和导电铜层，对湿度、污染物和化学品很敏感，因为这些因素都会导致腐蚀。管壳和端盖为误操作提供了良好的保护，对于环境的防护只是附加功能。因为功率IGBT芯片通常会有一个保护层如聚酰亚胺层，几乎覆盖了整个芯片表面。此外，芯片、铝线、陶瓷衬底和铜层都会被浸入在硅凝胶中防止环境的腐蚀。管壳和端盖可以提供端子固定功能。根据UL508、CSA22.2NO14和VDE0160的需要，管壳和端盖可以被设计留出必要的距离防高压漏电。在Powerex中，功率端子可以在管壳中成形，形成U形封装，其功能是：

- 消除端子的弯曲，降低内部电感；
- 减少附加端子的步骤，降低装配成本。

为了使这种方法取得良好的效果，通常将化合物与填料，如二氧化硅、玻璃或氧化铝进行混合使得热膨胀系数与金属端子相匹配。

在管壳和端盖的开放端，通常使用B阶环氧树脂与模块进行黏接，这层树脂薄膜可以回流并固化并形成可靠的连接，通常薄膜的厚度为2~5mil。固化时应施加一个均匀的压力（1~10psi），黏合表面必须光洁、干净而且干燥。管壳通常为50~70mil厚，通常在衬底的边缘设计出唇形以增加附着面积。有些供应商在安装孔附件留出相应空白，避免紧固到散热器时可能出现的断裂。端盖可以通过机械直接固定或与端子紧密接触来连接到管壳上。

如图3.2和图3.3所示的两种工业标准如下：

- Int－A－Pak；
- 双相 Int－A－Pak。

基于使用特点，下面列出管壳和端盖材料选择标准：

- 机械强度高；
- 坚固度足够支撑持续的处理过程；
- 足够的柔度以保证能与模块的其余部分充分接触；
- －50~125℃之间具有尺寸稳定性和热稳定性；
- 成型收缩率低；
- 低吸水率；
- 抗化学品腐蚀；
- 介电强度高且稳定；

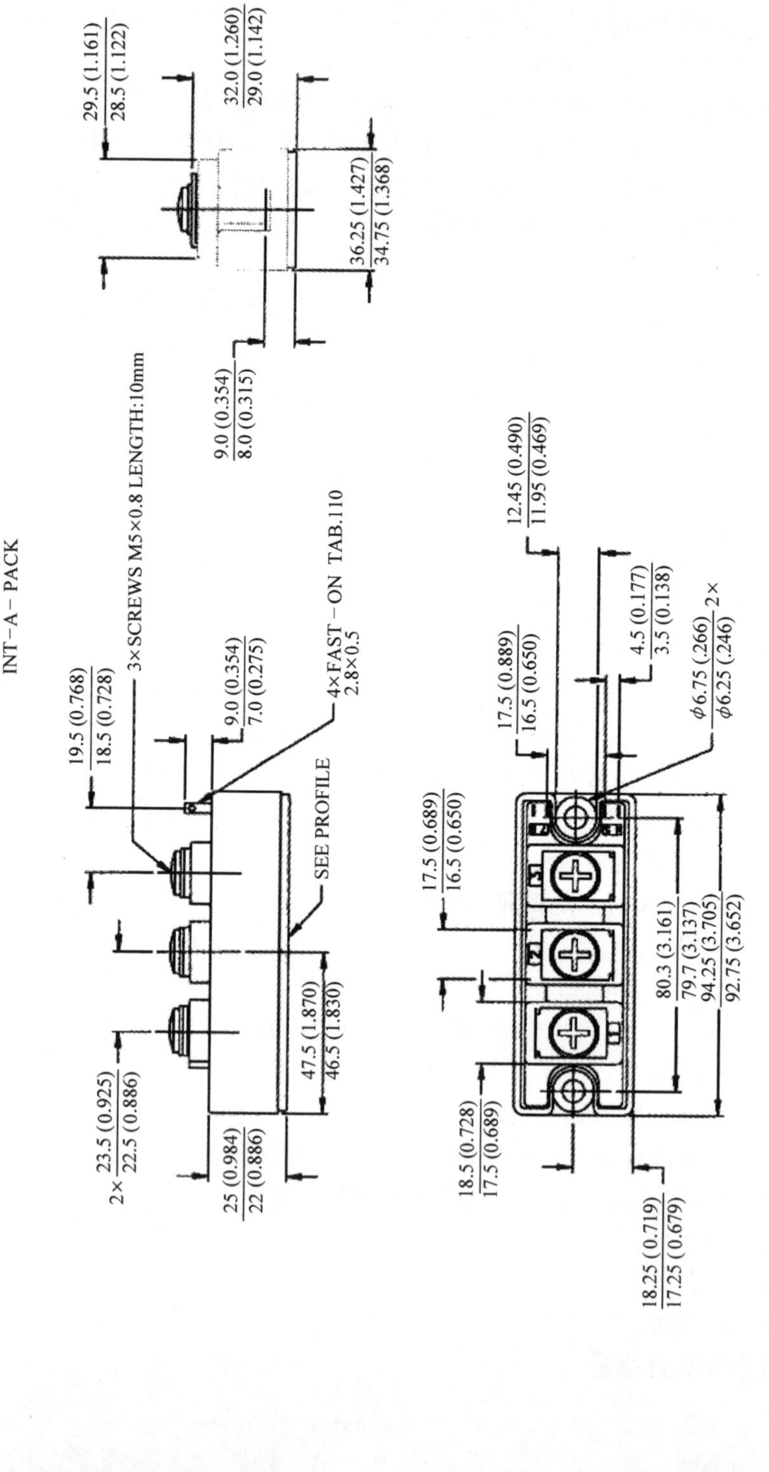

图 3.2 Int-A-Pak 模块壳体

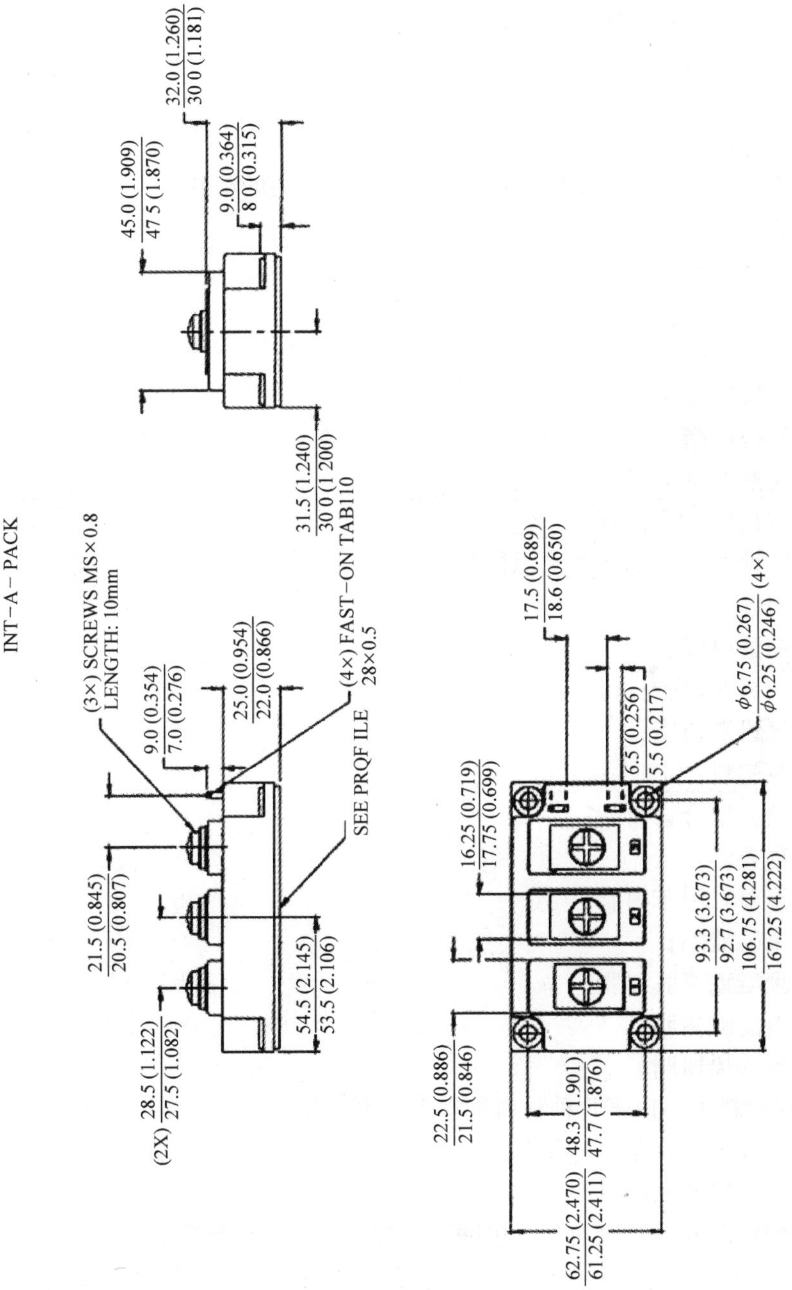

图 3.3　双相 Int - A - Pak 模块壳体

- 耐电弧性；
- 高体积电阻率和表面电阻率；
- 满足 UL－94VO 阻燃标准；
- 低气体排放；
- 无健康危害；
- 成本低。

有许多塑料材料可以用于封装。以下是一些常用的材料：

- 热固性材料；
  - — 醇酸树脂；
  - — 烯丙树脂；
  - — 环氧树脂；
  - — 三聚氰胺树脂；
  - — 酚醛树脂；
  - — 聚酰亚胺树脂；
  - — 有机硅树脂；
- 热塑性材料（非晶态和晶体）：
  - — ABS；
  - — 缩醛树脂；
  - — 丙烯酸树脂；
  - — 纤维素树脂；
  - — 氟塑料；
  - — 液晶聚合物树脂；
  - — 尼龙；
  - — 聚对二甲苯树脂；
  - — 聚碳酸酯；
  - — 聚醚酰亚胺树脂；
  - — 聚醚砜树脂；
  - — 聚丙烯树脂。

在这些材料中，以下几种材料被很多厂家选用：

- **热固性烯丙树脂**——邻苯二甲酸二烯丙酯（DAP）与玻璃填充物；
- **热固性环氧树脂**；
- **热塑性聚酯**——聚对苯二甲酸丁二醇酯（PBT）与玻璃填充物。

表 3.57 列出了这三种材料的一些特性。这些特性可以通过添加的填充物来进行调整或改变，如以下几种：

- 玻璃纤维；

表 3.57　塑料管壳和端盖常用的三种材料的性能

	己二烯酞酸脂	环氧树脂	聚对苯二甲酸丁二醇酯
介电强度/(V/mil)	350	360	420
体积电阻率/Ω·cm	10^{13}	3.8×10^{15}	1.4×10^{15}
抗电弧性/s	130	140	190
吸水率/(%/24h)	<0.2	0.2	0.09
抗拉强度/(lb/in²)	8500	30000	8500
密度	1.84～1.91	1.8	1.31
冲击强度/(ft lb/in)	0.85	10	1.0
热变形温度/℉	500	400	130
健康损害	无	皮肤问题	无①
成本	中	低	低

① 由于其稳定性、硬度和耐化学腐蚀性而普遍用于医学领域。

- 矿物；
- 金属；
- 纤维；
- 有机物。

然而，填充物仅对性能的起到调节作用，通常会引入不利因素。例如，玻璃填充的环氧树脂会增加抗拉强度和冲击韧性，但是会增加制造薄壁模块时的黏度，不利于制造。

以下是材料的供应商和制造商的名单：

- 塑料材料：
  — Union Carbide Chemicals and Plastics；
  — Dupont；
  — Climax Performance Materials；
  — Dow Chemical；
  — Mobile Chemical；
- 管壳和端盖制造商：
  — Poly-Hi；
  — Robinson Electronics；
  — Mobile Chemical；
- B 阶环氧树脂：
  — Ablestik—Ablebond 961-2；
  — A. I. Technology—73557675；
- 普通环氧树脂：

— Cotronics—Bond - it 750;

— Ablestik—Ablebond 961 - 2;

— A. I. Technology—7675。

参考文献

1. Pecht, M.G., Agarwal, R., McCluskey, P., Dishongh, T., Javadpour, S., and Mahajan, R., *Electronic Packaging Materials and Their Properties*, CRC Press, Boca Raton, FL, 1999.
2. Harper, C.A., *Electronics Packaging and Interconnection Handbook*, 2nd edition, McGraw-Hill, New York, 1997.
3. Robison Electronics, Inc., Tolerances and Materials: Diallyl Phthalate Properties.

3.7 功率半导体芯片

大部分功率模块目前都是基于以下将介绍的四种功率半导体芯片的其中之一或几种集成生产出来的。

3.7.1 IGBT 芯片

IGBT 芯片的主要参数有以下几个：

- **导通损耗**——用饱和压降 V_{CESAT}来表示；
- **开关损耗**——开关状态时的能量损失；
- **抗短路能力**——用短路持续时间来表示。

这些参数是 IGBT 芯片设计过程中需要权衡的因素。例如提高载流子注入效率并降低载流子寿命，可有效降低开关损耗，另一方面却增加了导通损耗。同样，使用厚且均匀的材料能提高抗短路能力，但会使得饱压降增加。随着技术的发展，新结构可以减少饱和压降而不会对另外两个因素产生不利的影响，芯片的性能得以大幅提高。

需要平衡考虑以下三个因素：芯片体结构、栅极结构和工艺控制。

3.7.1.1 芯片体结构

- 穿通型芯片结构（Punch Through，PT）：
  — 常规多层外延结构；
  — 硅直接互连（Silicon Direct Bonding，SDB）结构——直接连接两个各向同性的硅晶圆；
  — 软穿通（Soft Punch Through，SPT）结构—结合 PT 和 NPT 结构的综合型结构；使用均匀的芯片。

- 非穿通型芯片结构（NPT－U）：
  — 超薄各向同性浮动晶圆结构。
- 非穿通型芯片结构（NPT－R）：
  — 常规各向同性浮动区结构。

图 3.4 所示为不同的 IGBT 芯片体结构。

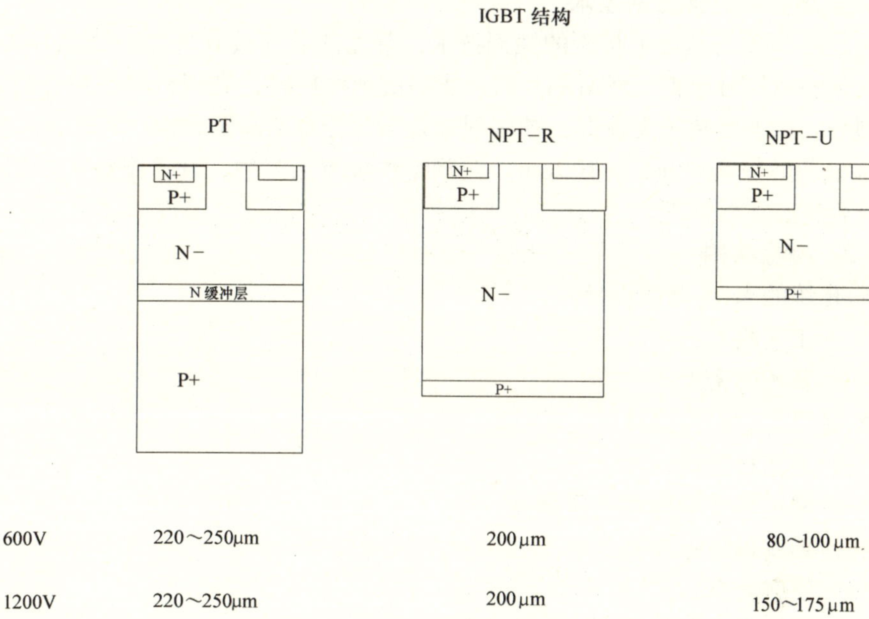

图 3.4　IGBT 结构

注意：SDB 和 SPT 都属于 PT 结构。在 SPT 中，n 型漂移区的厚度在 PT 和 NPT－U 之间。

大部分 IGBT 制造商都使用 6in 晶片来制造 IGBT 芯片。在容许的翘曲范围内将 600V 的芯片薄化到 80～100μm 和将 1200V 芯片薄化到 150～175μm 是主要的技术挑战。在第三十二届欧洲微波周会上，Agere 工艺已经成功将 RF 功率晶体管芯片薄化到 40μm，以下是四个基础技术。

1. 硅晶圆磨片减薄技术

磨片已经取代研磨成为了新一代薄化硅晶圆技术。磨片对机械尺寸控制更严格，对表面损伤更小。现在市场上已经出现超精密磨床。这些磨床使用二氧化硅微粒（直径为 0.01～0.02μm）作为砂轮磨料。成型表面可以和经过抛光的表面媲美。Insitu 厚度测量技术也用来进行厚度的闭环控制。

2. 硅晶圆局部减薄技术

晶圆的 IGBT 区域可被减薄，芯片间较厚的区域则提供结构支撑。这项技术已经应用于制造超薄光伏太阳能电池。

3. 等离子辅助化学蚀刻技术（PACE）

与磨片技术不同，这是一项非接触型材料移除技术。它利用氟利昂气体进行干蚀刻，过程中没有任何液态化学物质。这项工艺能在大气压下进行，蚀刻速度为1～2μm/min。

4. 硅晶圆的旋转蚀刻技术

这是在SEZ的基础上扩展的蚀刻技术，首先硅晶圆被放置在一个晶片夹上，将要薄化的面相对放置，然后晶片夹以很高的速度旋转，利用机械臂在晶圆上施加蚀刻剂。由于旋转速度较高，蚀刻剂最终均匀分布在晶圆表面。SEZ技术能将300mm晶圆薄化到4 mil或100μm。在单腔和多腔工艺中，SEZ能对4～12in晶圆进行旋转工艺的处理。

3.7.1.2 栅极结构

- 传统的MOS栅极设计：
  - — 工艺简单；
  - — 普通的密度。
- 栅极自动对齐设计：
  - — 工艺很简单；
  - — 密度高使得饱和电压降低。
- 沟槽栅设计：
  - — 工艺复杂；
  - — 密度很高使得饱和电压非常低。

3.7.1.3 芯片的工艺控制

- 载流子寿命均衡控制：
  - — 低开关损耗（整个芯片）；
  - — 高饱和压降。
- 局域载流子寿命控制：
  - — 低开关损耗（在n型缓冲层）；
  - — 低饱和压降。
- 无载流子寿命控制：
  - — 低饱和压降。

第一代IGBT器件使用了普通MOS平面栅级设计和载流子寿命均衡控制的穿通型外延结构。这种结构使得100A、1200 V IGBT的饱和电压为3.5V，600 V IGBT饱和电压为2.5V。最新一代，即第四代产品已经通过采用以下4种组合方式大幅度降低了饱和电压：

- PT＋沟槽栅＋局域载流子寿命控制；

- PT + 自动对齐 + 局域载流子寿命控制；
- NPT − U + 沟槽栅 + 无载流子寿命控制；
- NPT − U + 自动对齐 + 无载流子寿命控制。

表3.58将第一代和第四代IGBT的饱和电压进行了比较。

表3.58 饱和电压

	第一代	第四代
600V	2.5V	1.6V
1200V	3.5V	1.9~2.5V

表3.59根据最近的期刊列出了IGBT供应商和他们的代表性技术。由于数据来源于期刊，准确性可能有偏差。因为此领域的技术和设计发展日新月异，这个总结只能作为参考。

表3.59 供应商技术的总览

供应商	技术
Dynex	PT + 沟槽栅 + 局域载流子寿命控制
APT（Power MOSFET）	NPT − U + 自动对齐
Fuji	PT + 自动对齐 + 局域载流子寿命控制（≥600V）
	NPT − R + 自动对齐（≥1200V）
Eupec/Infineon（$IGBT^3$）	NPT − U + 沟槽栅
IR	NPT − U + 自动对齐
Hitachi（GR系列）	PT + 沟槽栅 + 局域载流子寿命控制（≥600V）
	PT + 自动对齐 + 局域载流子寿命控制（≥1200V）
Powerex/Mitsubishi（F系列）	SPT + 自动对齐 + 局域载流子寿命控制
Powerex/Mitsubishi（NF系列）	载流子储存沟槽栅（CSTBT）
IXYS（NPT^3）	NPT − U + 自动对齐
Samsung	SBD
Toshiba（IGBT++）	NPT − R + 自动对齐

表3.60列出了五大供应商的一些IGBT芯片：

- APT；
- IR；
- IXYS/ABB；
- Siemen；
- Dynex。

表 3.60 IGBT 芯片

供应商	尺寸（mm×mm）	额定值
APT	0.199×0.203	25~35A，600~1000V
	0.260×0.260	40~50A，600~1000V
	0.254×0.414	50~75A，600~1000V
	0.388×0.588	90~130A，600~1000V
	0.588×0.738	200~300A，600~1000V
IR	0.091×0.139	10A，600V
	0.116×0.175	20A，600V
	0.170×0.228	30A，600V
	0.257×0.257	40A，600V
	0.257×0.360	60A，600V
	0.523×0.523	100A，1200V
IXYS	0.259×0.259	30A，600V
	0.284×0.351	45A，1200V
	0.284×0.375	35A，1400V
Siemens	0.258×0.258	25A，1200V
	0.354×0.354	50A，1200V
	0.438×0.438	75A，1200V
	0.500×0.500	100A，1200V
Dynex	0.260×0.260	25A，1200V
	0.280×0.360	35A，1200V
	0.534×0.534	100A，1200V

由于铝线键合的关系，发射极的镀层金属是铝合金。背面的镀层通常是 Ti/Ni/Ag，Cr/Ni/Ag，或 Al/Ti/Ni/Ag。

大多数芯片的设计具有多个焊盘，排列成矩阵形（2×2，2×3，2×4 等；视芯片的线路而定）。有些芯片的发射极全部表面都具有金属镀层，例如 IR 制造的一些芯片，铝键合线可以直接连接起整个芯片，是为了使工作时的电流分布更均匀。图 3.5 和图 3.6 展示了 APT，IR 和 IXYS 芯片的布局。如何选择 IGBT 芯片取决于应用和市场需要。目前，IGBT 模块主要用于电源和电机驱动的中逆变电路。

- 电源中的应用：
  — UPS；
  — 开关电源；

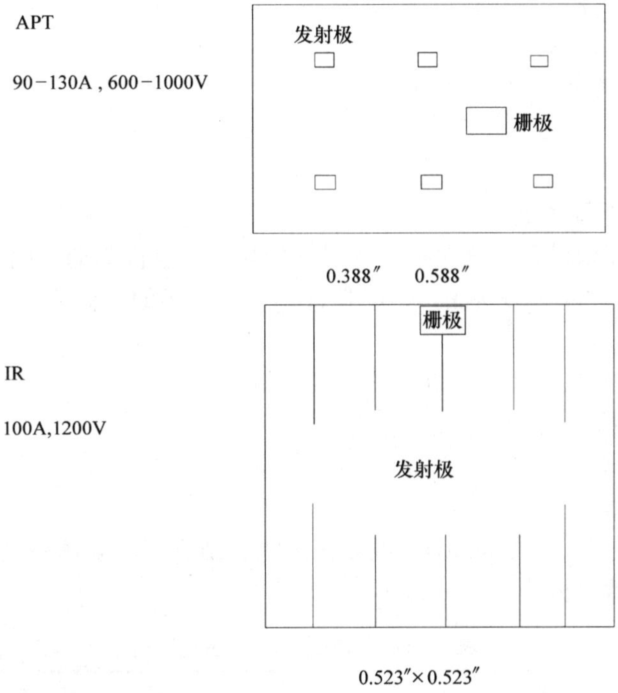

图 3.5　IGBT 芯片布局（APT 和 IR）

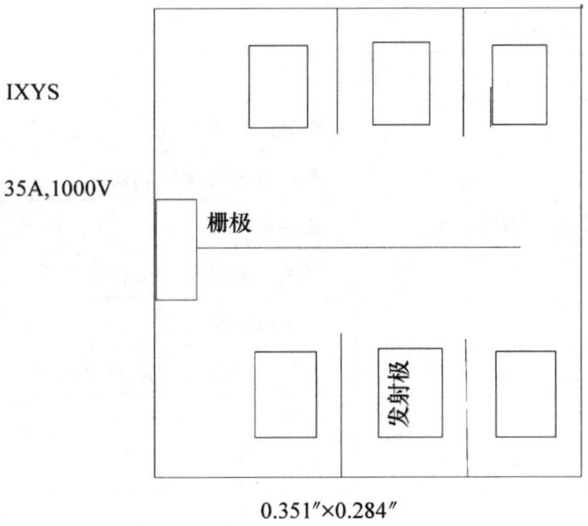

图 3.6　IGBT 芯片布局（IXYS）

— 焊机；
— 感应加热器；

— 医疗设备。

- 电机驱动中的应用：

— 采暖通风空调（HVAC）；

— 电梯；

— 机器人；

— 交流伺服电机。

电源应用要求较低的开关损耗和导通损耗，而电机驱动应用通常要求更好的抗短路能力。对于需要并联的 IGBT 器件，导通压降的正温度系数能够更好地促进电流的均流。

IGBT 器件的基本功能由以下三要素控制：

- 基区结构；
- 栅极结构；
- 工艺控制。

表 3.61 ~ 表 3.63 根据 IGBT 的基区结构，结合不同的栅极设计和工艺控制，进行了一个大致的分类。

表 3.61　穿通型（PT）芯片结构

外延晶硅圆	较高的材料成本
厚晶硅圆	易于掌控
	机械强度高
导通饱和电压低、负温度系数	
抗短路能力差	
重离子辐照进行局域载流子寿命控制	较低的开关损耗
	残余电流持续时间短
	高漏电流
	更大的漏电和开关特性的温度系数
	加工成本高
沟槽栅	高单元密度和极低的饱和电压
	芯片尺寸小
	有限的短路承受力
	加工成本高，产量低
软穿通（SPT）	无外延，漂浮区晶片，无寿命控制
	饱和电压、开关损失和抗短路能力介于 PT 和 NPT - U
	导通压降为正温度系数

表 3.62　非穿通型芯片结构（NPT - U）

各向同性浮动区结构	材料成本低
超薄晶硅圆	难于掌控
	机械强度低
	加工成本高
导通饱和电压高、正温度系数	
抗短路能力强	
无寿命控制	开关损耗高
	拖尾电流持续时间长
	低漏电
	较小的漏电和开关特性的温度系数
	紧密的尺寸分布

表 3.63　非穿通型芯片结构（NPT - R）

各向同性浮动区结构	材料成本低
常规厚度	易于控制
	机械强度低
导通饱和电压最高、正温度系数	
抗短路能力最强	
无寿命控制	开关损耗高
	拖尾电流持续时间很长
	最小的漏电流
	较小的漏电和开关特性的温度系数
	紧密的尺寸分布

IGBT 的供应商们已经综合考虑了栅极设计、输运控制与基区结构，使得 IGBT 性能得到优化。例如，Eupec 已经生产出一种将 NPT - U 和沟槽栅极技术综合应用的 IGBT；Powerex 已经生产出一种使用 SPT 技术并使用重金属离子寿命控制技术的 1700 V IGBT 产品；IR 公司的 WARP IGBT 采取了特殊的外延结构和局域载流子寿命控制技术等。供应商们已经开始采取 1mm 甚至更小的设计标准以使得单元的密度增加，从而降低导通电压。

ST Microelectronics 的 Power Mesh 采用带状布局工艺，宣称已经能达到每平方英寸 5 ~7 百万个单元的密度和每平方厘米 6200cm 的通道密度。对于高压钝化层，通常的方法是在氧化层上采用半绝缘多晶硅，与场板、场环或可变横向掺杂相结合（Variable Lateral Doping，VLD）。

3.7.2　FRED 芯片

FRED（快恢复外延二极管）是电路的重要组成部分。为了能充分发挥它的功能，需要注意以下两点，减小反向恢复电流带来的不便：

- 快恢复——在 25℃下小于 100ns，可降低系统开关损耗；
- 软恢复——最大限度地减少电压过冲，可以不使用缓冲电路，$t_a/t_b\approx1$。

图 3.7 展示了 FRED 典型的反向恢复特性。

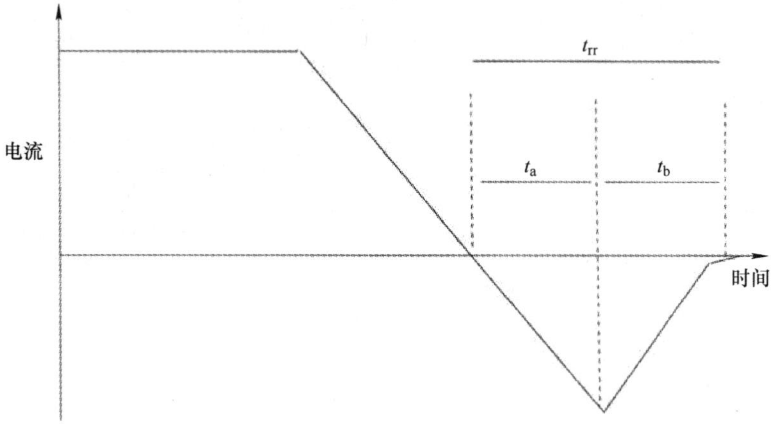

图 3.7　典型 FRED 反向恢复特性

FRED 芯片采用高压外延技术结合浅层 P 区扩散，减少了导通压降，使用场环减小漏电流，保证了稳定的击穿电压并提高了二极管的稳定性。

快恢复和软恢复是通过特殊的载流子寿命控制来实现的：铂扩散而不是金扩散或普通电子辐照。铂金属的使用可在高温下表现出较低的漏电流，大电流时提供快速恢复特性，但导通压降较大。

表 3.64 列出了一些 APT、IR、IXYS、Siemens 和 Dynex 提供的 FRED 芯片。

表 3.64　FRED 芯片

供应商	尺寸/in	额定值
APT	0.085×0.180	15A，400～1000V
	0.120×0.255	30A，400～1000V
	0.248×0.248	60A，400～1000V
	0.270×0.416	100A，400～1000V
IR	0.169×0.220	32A，1200V
	0.360×0.360	100A，1200V
IXYS	0.244×0.244	60A，1000V
	0.284×0.351	75A，1000V
Siemens	0.140×0.260	25A，1200V
	0.220×0.220	35A，1200V
	0.256×0.256	50A，1200V
	0.300×0.300	75A，1200V
	0.380×0.380	100A，1200V

（续）

供应商	尺寸/in	额定值
Dynex	0.140×0.200	25A，1200V
	0.200×0.240	35A，1200V
	0.508×0.508	200A，1200V

典型的 FRED 芯片布局图如图 3.8 所示。

这些芯片的背面金属镀层通常是 Ti/Ni/Ag 或 Al/Ti/Ni/Ag。正面镀层由于需要进行引线键合互连操作，仍然是铝合金。附录 A 列出了功率模块常用的功率 MOSFET、晶闸管和整流芯片。

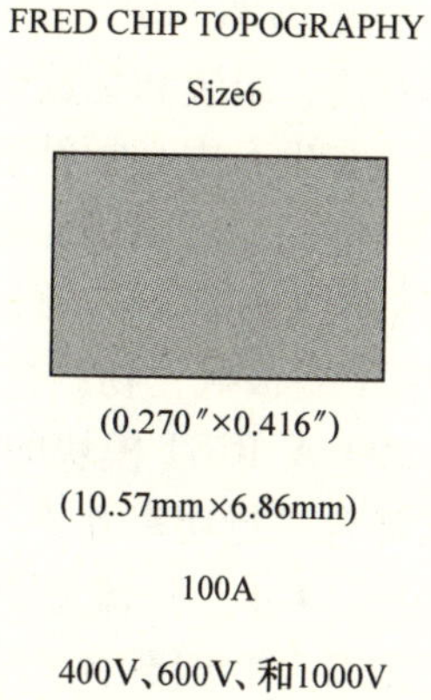

图 3.8　典型 FRED 芯片布局图

参考文献

1. International Rectifier, Inc., *IGBT Designer's Manual*, IGBT-3, 1998.
2. Richard, J. and Haase, F., Improved IGBT structure allows PC board mounted module, *PCIM*, Aug. 1997.
3. Dewar, S. and Herr, E., Soft punch-through IGBTs in lo-pak modules boost power, *PCIM*, Feb. 2000.
4. Motto, E.R., Donlon, J.F., Takahashi, H., and Tabata, M., 1200 V trench gate IGBT, *PCIM*, July 1999.
5. Nakano, Y., Fourth generation IGBTs, *PCIM*, Sept. 1999.
6. Powerex, Power Transistor Module and Accessory Product Guide, 7th edition, 2000.
7. Bindrer, A., Silicon direct bonding infuses speed in high-voltage IGBT, *Electronic Design*, May 13, 1998.
8. Blackstone, S., Mechanical Thinning for SOI, BCO Technologies, Internal Report, 1995.
9. Miner, G.E., Christel, L.A., Merchant, J.T., and Olson, J.S., Development of a point-contact solar cell using high volume processing techniques, *Sandia Lab Report*, Apr. 1990.
10. Mulola, P.B., Applications of plasma-assisted chemical etching to advanced wafer processing, *Hughes Danbury Optical System Report*, 1993.
11. Shekhawat, S., Gladish, J., Shenoy, P., Wood, B., and Rinehimer, M., Stealth diode cuts SMPS IGBT switching loss — quietly, *PCIM*, Oct. 2000.

第 4 章　IGBT 功率模块制造

常规 IGBT 功率模块（或智能模块 IPM 的功率部分）的制造由清洗、焊接、功率互连、组装和集成电路封装等工艺组成，本章将介绍这些工艺的具体性质和细节。在生产中必须精确调节工艺的具体参数，并在整个装配线上设置多个检测点实时监测，才能确保最终产品符合开始的设计目标。成品还应经过应力筛选、全面检测和样品寿命测试来保证其长期可靠性。同样，为实现无空洞焊接并避免对 IGBT 栅极氧化物结构的损坏，制造设备也必须经过严格检验和调试。

200 A IGBT 模块的常规制造工艺主要基于回流焊进行焊料连接，以及超声铝线键合进行功率互连。为增强可靠性和降低成本，替代性的制造工艺使用全焊接装配。4.4 节的流程图将对这两种工艺进行比较。

本章分为四节：

- 制造工艺；
- 工艺控制/长期可靠性；
- 制造装置；
- 制造工艺流程图。

4.1　制造工艺

功率部分的制造工艺包括以下几个主要操作：

- IGBT 芯片的分类与归组；
- 清洗；
- 焊膏的涂覆或印刷；
- 将功率 IGBT/FRED 芯片焊接到陶瓷衬底；
- 将陶瓷衬底焊接到金属底板；
- 引线键合互连；
- 将功率端子焊接到陶瓷衬底；
- 将快接导片焊接到陶瓷衬底；
- 粘贴塑料壳体和端盖；
- 灌封硅凝胶和环氧树脂；
- 电气和热学测试；
- 粘贴条形码（或二维码）；

- 粘贴标记（或标签）。

理想情况下，整个生产应在1000级无尘条件或更好的环境中进行，但是建立和维护一个这类级别的大型洁净间非常昂贵。因此现在的发展趋势是使用10000级无尘条件的主处理区，内部具有多个小型孤立的可控环境单元，这些单元可以是小型模块化洁净间、洁净棚或层流罩。

在这些可控单元中，可以实现下列能够在1000级甚至更好的洁净间里进行的操作：

- 清洗；
- 焊膏的涂覆（或印制）；
- 组件的连接——功率芯片、陶瓷衬底、功率端子、底板；
- 铝线键合；
- 灌封硅凝胶。

可以使用称为微环境的小型洁净容器在这些单元间进行元件运输。这些容器通常由抗静电及低释气的材料制成，可以是密封型的或真空型的。对于陶瓷衬底、金属底板和功率端子等无源器件的运输要使用超干气体，而对芯片来说气体要具有40%~60%的相对湿度。

很多IGBT制造商会分批次制造模块产品，批量从20块到150块，每批次都具有一个批次号。为了满足可追溯的要求，每批次都要包括以下所有相关信息：

- 所用组件；
- 所用工艺；
- 所用设备；
- 装置条件；
- 监测数据；
- 测试数据；
- 日期和操作员。

这些信息将被记录在流转单或数据库中。

以下几节将集中介绍五项操作，会直接影响产量和产品性能，这些操作是：

4.1.1 IGBT芯片的分类与归组；

4.1.2 材料清洗；

4.1.3 焊接互连；

4.1.4 功率互连；

4.1.5 电气和热学测试。

上述每个步骤都有不同的操作方法，在选择方法时，主要考虑以下几点因素：

- 生产能力；

- 成品率；
- 生产成本；
- 生产周期；
- 环境要求；
- 产品性能和可靠性。

4.1.1 IGBT 芯片的分类与归组

在后续的第5章分析中，通过并联两个100A 芯片（2×100A）来构建200A IGBT功率模块具有一定的优势。然而并联IGBT芯片并不简单，必须要注意的要点是：

- 电流非均匀度；
- 结温非均匀度。

4.1.1.1 电流非均匀度

由于两个完全相同的功率半导体芯片并不存在，在流通相同的电流时，其正向导通压差 V_{CEON}（如图4.1所示）并不完全一致。当两个IGBT芯片并联时，芯片的正向电压会被电路钳位，并保持一致。对于任意负载情况，总有一个IGBT芯片比另一个功率半导体芯片承受更大的电流，因此产生电流非均匀度。这种不均匀是无法避免的，然而通过采用适当的封装技术，可以使不平衡性降低到可接受的范围内。以下是其中两种技术：

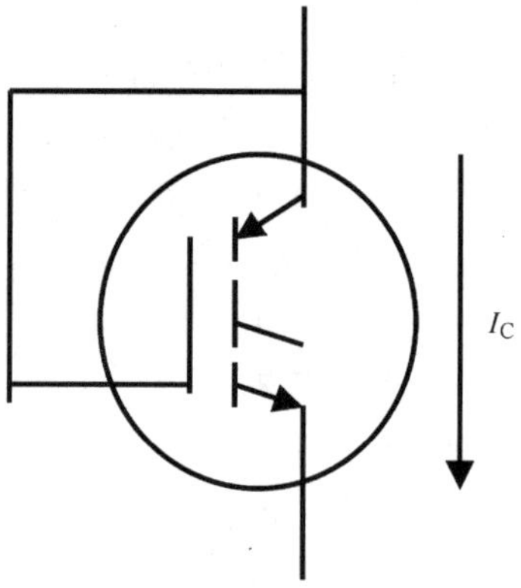

图4.1 V_{CEON} 模式下的IGBT

- 选择在晶圆上相邻的IGBT芯片。这种方法简单有效，但由于并排功率半导体芯片并不总能满足严格的公差要求，所以可靠性比较低。
- 选择导通情况下正向导通压差 V_{CEON} 较为一致的IGBT芯片[1-3]，其测量可以通过短接栅极和集电极，在通过一定电流的情况下测量集电极和发射极之间的电压，这一电压也就是正向导通压差 V_{CEON}。为了避免芯片产生发热，必须使用脉冲电流流通芯片。

基于以上测量，可以根据正向导通压差 V_{CEON} 或正向导通压差 V_{CEON} 的差异值分类，比如按照差异小于0.30V、小于0.20V、小于0.15V或小于0.10V将IGBT芯片归为四组。之后功率半导体芯片能按照表4.1中所示电流非均匀度近似值进行匹配。

表 4.1　电流非均匀度百分比与 ΔV_{CEON} 的关系

ΔV_{CEON}/V	电流非均匀度（%）
0.30	15
0.20	10
0.15	7.5
0.10	5

电流非均匀度应限制在 15% 以下。

在实际操作中，直接测量导通 200A 电流下的 IGBT 正向导通压差是较为困难的。一种实用方法是测量小电流（1 ~5A）情况下的正向导通压差，再外推到 200A，这种方法需要使用带有特殊钨探针的探针台，能够导通几安培的电流。通过探针台对整张晶圆上的所有 IGBT 功率半导体芯片全部进行测量和定位，并把数据记录下来。这一步骤可以由模块制造商或 IGBT 功率半导体芯片供应商（见 4.1.5 节）来完成。后续的自动化芯片焊接需要依照这些位信息来进行。以下是一些探针台工具的供应商：

- Wentworth；
- KarlSuss，Inc；
- Electroglas。

由于具有电压负温度系数特性，芯片的分类对于穿通型结构 IGBT 尤为重要。而对于非穿通型芯片 IGBT，其电压温度系数为正，芯片分类的重要性较弱。

4.1.1.2　结温非均匀度

任何电流非均匀度都会引起芯片结温的不同。在并联运行的情况下，承载更大电流的功率半导体芯片将会具有更高的结温，甚至会超过最大额定温度——150℃。由于可靠性系数与结温以指数形式成反比，温度不平衡已成为封装的主要问题。

热耦合技术是降低结温非均匀度的关键，如果两个并联 IGBT 芯片间的热耦合良好，结温的差值将大大减小。在 200A 模块的结构中，两个并联的 IGBT 芯片被焊接到两片不同的陶瓷绝缘衬底（陶瓷材料用作绝缘衬底）上，然后焊接到同一金属底板上。IGBT 芯片间具有良好的热耦合，需要满足以下几点：

- 焊接时空洞尽可能少；
- 焊料导热性良好（Sn/Ag，Sn/Ag/Cu）；
- 陶瓷衬底（陶瓷材料用作绝缘衬底）的导热性良好（Al_2O_3，AlN，Si_3N_4）；
- 金属底板的导热性良好（Cu，AlSiC）。

在制造过程中，焊接的质量十分重要，为尽可能减少空洞的产生，必须对其进行持续监测和控制。

4.1.2 材料清洗

材料清洗是保证 IGBT 功率模块可靠性的重要步骤，合理的清洗剂和设备将有助于提高产品质量和模块的可靠性。为选择并使用正确的清洗系统，必须首先确定需要清洗的杂质类型，以及环境的要求，才能实现环境友好且有效的化学清洗[4]。

在生产 IGBT 功率模块的过程中，表面会出现许多污染物，尽管其污染程度取决于生产设备和操作技术，但是污染物始终存在，大致可以分为以下三类：

- 第一类：微粒污染物；
- 第二类：极性/离子污染物；
- 第三类：非极性/非离子污染物。

表 4.2 总结了生产功率模块过程中可能存在的污染物[5]。

表 4.2 表面污染物

第一类 微粒污染物	第二类 极性/离子污染物	第三类 非极性/非离子污染物
金属或塑料芯片 粉尘 纤维 污垢 皮棉 绝缘材料 头发/表皮 焊球 其他空气中的物质	助焊活化剂和助焊活化剂残留物 焊接盐类 来自指纹的纳、钾氯化物 中和剂 离子型表面活性剂 来自清洗、蚀刻和电镀操作的残留物	松香助焊剂 树脂助焊剂（指合成树脂） 油 油脂 焊接污垢 土壤污垢 护手霜和润滑剂 有机硅 非离子型洗涤剂或表面活性剂 有机材料

第一类微粒污染物通常需要用机械能来去除，如超声清洗技术、喷射清洗技术或离心清洁技术。在这三种方法中，超声清洗技术最为有效，超声清洗可以去除表面上 0.05mm 以上的颗粒。由于在水溶剂介质能够到达的任意地方都可以被超声波清洗到，因此超声清洗技术可以清洗具有复杂几何形状的部分，而喷射清洗和离心清洁更具有方向性。研究表明，超声清洗的效果比喷射清洗好 5 ~10 倍[6]。

但是在清洗金属底板时，如果强度过高或时间过长，超声清洗的擦洗过程会使金属表面受到侵蚀。因此，在实际应用中要考虑以下几个因素[5-7]：

- 选择 40kHz 的频率。频率越高，空化作用越温和，高频能去除小微粒，而低频只能去除大微粒。必要时连续地使用一系列的多个频率（如果有必要可达 300kHz）来实现彻底清洗。最近的发展趋势是使用具有 3 ~4 个不同频率同时运行功能的超声波箱。

- 使用约 30W/L 的功率，并使用下面其中一种方法监控声波功率：
  — 声学测距探针，它可以提供整体能量等级和空间分布的指标；
  — 声致冷光探针，它能指示能量等级和分布，以及清洗液中的空化密度，ProSys 可作为供应商；
  — 铝箔腐蚀测试（这仅是用来验证合格与否的测试）；
- 通过将溶剂加热到大约 45℃来降低溶剂的表面张力；
- 匹配典型溶剂与表面活性剂的比例，比如 9:1。氟化物表面活性剂比烃类或硅酮型更为有效；
- 使用扫描型频率发生器使箱内能量分布变得平稳。用声学测距探针检查分布，能减小暴露时间至 3～5min。

第二组和第三组污染物可采用化学湿法清洗来去除，标准清洗方法是在批量清洗或流水线清洗机中选用合适的清洗介质。这种介质应该能够萃取或去除表面污染物，同时也要对臭氧层无污染。以下是所需的性能列表：

- 表面张力小于 20dynes/cm；
- 不会破坏硅片或 IGBT/FRED 芯片；
- 不会破坏 Cu、Al、Ni、Ag、Sn、Rb、Bi 等金属；
- 不会破坏 Sn/Ag，Sn/Ag/Cu，Pb/Sn 等焊料；
- 不会破坏陶瓷衬底；
- 能有效去除第二类和第三类污染物；
- 具有清洗的灵活性，可用于喷射、超声浸液或蒸汽系统等方式，并易于回收利用；
- 清洗表面无残留物；
- 漂洗后无离子污染物；
- 不会生成原电池反应；
- 提供较高的焊接质量；
- 不产生有害气体，无 HAP 或过高蒸汽密度；
- 环保，不引发环境问题，对臭氧层无破坏性，SNAP[⊖]批准，易于处理；
- 技术成熟；
- 成本低：低于 5 美元/lb。

湿法清洗具有三种清洗方法：

- 水洗；
- 半水洗；
- 溶剂清洗。

⊖ SNAP，即由美国环境保护署（EPA）倡导通过的《重要新替代品政策（Significant New Alternatives Policy，SNAP）》。

4.1.2.1　液态清洗

液态清洗是用水或含有小于50%添加剂的水作为清洗介质。水可以有效地去除离子/极性材料，但在去除非极性/非离子残留物的过程中需要加入皂化剂等添加剂。

液态清洗具有不易燃和对环境友好的优点，但是不能有效地渗透紧密间距（<10mil）。近年来无铅焊料的使用给水清洗带来了很大挑战，因为无铅焊料需要比传统铅基焊料更强的助焊剂。由于有更高的焊接温度，其残留物也会更加牢固，更难去除，这就需要对现有的水化学试剂进行修改。

液态清洗通常有3个步骤：

1. 洗涤——根据所用的清洗技术，用含各种添加剂的水进行超声清洗、喷射清洗或离心清洁；

2. 漂洗——在热的去离子水中进行超声清洗、喷射清洗或离心清洁，随后用热的去离子水回流漂洗两次。若使用了强碱性试剂，还要添加一个额外的中和步骤；

3. 干燥——首先使用约110℃的高纯度单方向热风吹干，也可以进行热风循环或离心干燥，随后使用约150℃对流干燥、红外对流干燥或真空干燥。这一步骤中使水分干燥的能耗很大。

清洗既可以分成小批量进行，又可以用自动流水线系统进行大批量进行。可以使用水蒸发器/回收器来过滤污染物并回收水。大多数系统能够在任一开环或闭环结构中操作。清洗时，各部分间应彼此分开放置，以避免出现不完全清洗或由接触引起的损坏。

4.1.2.2　半水洗

半水洗是指使用溶剂清洗配合水漂洗的过程。像液态清洗一样，它也分为3个步骤：

1. 洗涤——在溶剂中进行超声清洗、喷射清洗或离心浸泡清洁。典型的清洗溶剂的特点是：

有机溶剂；

对臭氧层无破坏性；

蒸汽压低，燃点高于38℃；

可燃的；

挥发性低，黏度低；

清洗寿命长；

它们大致可以分为两类：

水溶性的非萜烯类极性有机溶剂，如重醇、乙二醇醚和环胺等。由于它们是水溶性溶剂，因此在漂洗时较易去除，不易产生残留。难点在于对含有溶剂、皂化物和溶解杂质漂洗水的处理，必须使用蒸发器/回收器进行水的回收。

水非溶性的萜烯类有机溶剂，如萜烯、脂肪烃和合成醇等。由于它们是水非溶性溶剂，因此需要靠超声、喷淋和离心等机械能来去除，并且残留也是一大问题。其优点是能够把溶剂从漂洗水中分离出来，之后能将溶剂回收再利用于之后的洗涤环节。

2. 漂洗——在加热的去离子水中进行超声清洗、喷射清洗或离心清洁，随后用加热的去离子水回流漂洗两次。如果溶剂需要回收，则增加一个配备有离心过程将溶剂从水中分离出来。由于将水分充分干燥需要消耗较多的能量，现在的趋势是采用共溶剂工艺，即用其他溶剂来代替水作为漂洗剂。这种溶剂不同于清洗溶剂，可作为这种溶剂的有

PFC（per fluorinated compound）;

HFC（hydro fluoro carbon）;

HFE（hydro fluoro ether）。

注意：严格来说，共溶剂清洗是一种溶剂清洗过程。

3. 干燥——首先用高纯度单向热风、使用通过 HEPA 过滤器的热风循环或离心干燥，随后使用对流干燥、红外对流干燥或部分真空干燥。

由于半水洗的溶剂是可燃的，所用的设备和工具必须能够匹配这些材料，防止溶剂雾产生。清洗区域也必须具有良好的通风或配有排烟系统。

4.1.2.3　溶剂清洗

溶剂清洗包括以下几个步骤：

1. 用热溶剂蒸气进行**预清洗**；
2. 伴随超声清洗或喷射搅拌，或单独使用蒸馏溶剂进行**洗涤**；
3. 用热溶剂蒸气进行**漂洗**；
4. 通过蒸发溶剂和溶剂回收进行**干燥**；
5. **真空**干燥。

如果跳过第 2 步，即为常见的蒸汽去油脂技术。由于在整个过程中没有水的参与，干燥所需能量较少，比水清洗和半水清洗少 40% 左右。尽管可以使用共溶剂过程，但大多数溶剂清洗过程都在清洗和漂洗阶段使用同样的溶剂。溶剂清洗过程较为简单，而且能清洗小间距产品。其主要问题是烟雾的处理。一些溶剂的成本过高也是一个问题。

一般来说，目前较为流行的溶剂是 HFC 或 HFE 类溶剂[5,7-9]，它们环保、对臭氧层无破坏性、不可燃、非极性，具有和 CFC-113 相似的特性。EPA 和 SNAP 已经禁止了 CFC-113，所有含有 1，1，1-三氯乙烷的溶剂和 HCFC-141b 等大多数 HCFC 溶剂的使用，不过仍允许使用对臭氧层破坏性极低的 HCFC-225 溶剂。异丙醇（IPA）、环己烷和丙酮等低燃点极性溶剂也较为常用。

清洗剂有

- DMPD 或二甲基 - 2 - 哌啶酮溶剂——由同分异构体 1，3 - 和 1，5 - 二甲基 - 2 - 哌啶酮混合而成的溶剂，是一种无色、高沸点、具有轻微气味的液体，其化学稳定性好、溶解性好、毒性低。在化学清洗方面很灵活，可用于溶剂清洗或半水清洗。
- AK - 255 溶剂——它是经 SNAP 批准的一种 HCFC 溶剂，不含 VOC 且不可燃，但会破坏塑料部分。
- 正溴丙烷溶剂（nPB）——这种不可燃材料具有很低的臭氧层破坏潜能值，约为 0.013，同时具有类似 1，1，1 - 三氯乙烷的性质。它是被 SNAP 所推荐的溶剂，使用时的接触限值是 25ppm，并且异丙基溴浓度小于 0.05%。
- HFE - 7100，HFE - 7200 和 HFE - 72DE 溶剂——它们都是被允许的 HCFC - 141b 溶剂替代品。
- HFC - 43 溶剂——这种溶剂对臭氧层无破坏且能清洗小间距产品。
- Vertrel 溶剂——它的沸点、表面张力和黏度都可与 CFC - 113 相媲美。
- 虽然大多数溶剂都是非极性的，而最新发展的清洗剂是结合极性和非极性溶剂的双极性溶剂组合物，它可以同时去除极性和非极性杂质。这种双极性溶剂也是不可燃的，典型的组成比例是 93/7。实例有
  — HFE 与 IPA 共沸点混合物；
  — HFC 与 IPA 共沸点混合物；
  — nPB 与 IPA 共沸点混合物。

以下是共沸点混合物溶剂的一些供应商：

- DuPont；
- 3M。

表 4.3　溶剂间的比较

	成本（美元/lb）	KB 值（KB）	蒸汽密度（空气为 1）	表面张力（dyne①/cm）	HAP（有害气体污染物）	闪点
正溴丙烷溶剂	4	125	4.25	25.3	无	无
AK - 255 溶剂	13	41	7	16.8	无	无
HFC（Vertral）	19	9.4	7.86	15.1	无	无
HFE - 71PA 溶剂	19	10	7.51	14.5	无	无
异丙醇清洁溶剂	1	—	2.1	21.7	无	0.60

① dyne，达因，力的单位，1dyne = 10^{-5}N。

为了选择合适的清洗剂，要查询溶剂的溶解性参数（KB 值），它表示有机材料的溶解性程度。对于用量很多的溶剂，也可以参考溶解性曲线。

应当注意的是，高KB值的溶剂有利于去除重有机物、油和油脂，而低KB值的溶剂用于去除轻有机物和颗粒。蒸汽越多，设备中含有的溶剂就越多；表面张力越小，润湿性就越好；所有溶剂都不会释放有害气体污染物。IPA具有较低燃点，必须用在能处理易燃溶剂的特殊设备中。

以下是一些清洗设备的供应商名单：

- 水洗：
  — Forward Technology Industries；
  — Branson Ultrasonics Corp；
  — General Product Devices；
  — Austin American Technology Corp；
  — Aqueous Technologies。
- 半水清洗：
  — Forward Technology Industries；
  — Vitronics；
  — Austin American Technology Corp。
- 溶剂清洗：
  — Forward Technology Industries；
  — Branson Ultrasonics Corp；
  — Austin American Technology Corp；
  — AMA Universal——密封系统；
  — Tiyoda - Screc——真空脱脂系统。

4.1.2.4 功率模块的关键清洗步骤

生产功率IGBT模块时，有三个关键清洗步骤：焊前部件的清洗[8]，焊后装配体的清洗和引线键合互连前的清洗。

1. 部件的回流焊前清洗工艺

本步涉及以下操作：

- 洗涤/脱脂；
- 漂洗；
- 干燥；
- 紫外清洗；
- 真空烘烤。

化学湿法清洗中的三种方法都可以被采用，因为每种方法各有优缺点，具体选择取决于要去除的杂质。大多数情况下，使用带有皂化剂或标准液态清洗试剂的超声法液态清洗已经足够，但必须注意要确保清洗剂和清洗技术相匹配。对于超声清洗来说，要使用高发泡型。

以下是水洗剂的供应商：

- JNJ Industries；
- Aqueous Technologies。

IGBT/FRED芯片不需要清洗。晶圆在洁净室里加工切割并留在粘膜上，之后被包装在充满氮气的抗静电密封袋里便于运输。使用前，功率半导体芯片要被存放在抗静电等级为1000的可控环境柜中。使用时包装袋只能在层流罩或模块化的洁净间单元中打开。由于第二组和第三组中部分污染物的难以处理，有必要对陶瓷衬底等部件进行额外的紫光清洗或基于二氧化碳的干法清洗。

- 紫外清洗——使用汞灯或氙灯等能产生臭氧的紫外光源，将待洗涤/脱脂的部件放置在光源5mm内，1min即能实现原子表面的清洁。臭氧有2.1的电离能，所以能有效地破坏杂质间的结合。
- 一种替代紫外清洗法的方法是基于二氧化碳的干法清洗方法。这一过程将在4.1.2.5节中讨论。

以下是一些紫外净化器的供应商名单：

- American Ultraviolet；
- Jelight；
- Xenon。

焊前清洗的最后一步是高温真空烘烤[8]。在150℃下真空烘烤4~8h可以保证焊前表面的干燥。真空压力应保持在50μmHg。烘烤后，烘箱内要回充入超干氮气。真空烘烤清洗技术对于实现无空洞功率芯片的连接是至关重要的。

2. 模组的焊后清洗

模组要在回流焊后1h内清洗，同样可使用三种清洗方法，具体使用取决于焊剂的类型和要去除的杂质。一般来说半水清洗和溶剂清洗，特别是使用共沸点混合物的溶剂，对于去除松香、低固体和合成活性焊剂的残留物来说非常有效。对于引线键合互连后的装配，应该避免较大的机械能输入，否则会削弱或破坏引线键合互连。这时溶剂清洗成为了最好的方法。部件可以在不用超声和喷淋搅拌的情况下在溶剂中洗涤，在热溶剂蒸气中漂洗，最后通过溶剂蒸发或真空烘烤干燥。

3. 引线键合前清洗

等离子清洗[8,11]是一种干法清洗，通常是在氩气等离子体中清洗约5min。其射频功率为50~75 W，气体流量约为2~5mm^3/min。

以下是一些等离子净化器的供应商的名单：

- March Instruments；
- Technica Plasma；
- Plasmatech。

4. 其他清洗步骤

- 任何飞溅出来的灌封用硅凝胶、环氧树脂或黏接塑料管壳和端盖用的环氧树脂都必须经过清洗。这项工作通常由干净、柔软、不起毛的布擦拭完成，**不可使用溶剂**。
- 手工焊接的快接导片或返修后的部件都要进行清洗，通常采用基于 CO_2 的干法清洗或蒸汽脱脂。
- 衬底边缘多余的焊膏都要用干净、干燥的棉签去除，**不可使用溶剂**。

注意：

- 所有清洗必须在可控环境中进行；
- 清洗后，需要用微环境容器将部件运输到环境可控的装配区。

4.1.2.5 新型干法清洗技术

除了先前传统的湿法清洗，二氧化碳喷射清洗技术最近被证明十分有效，也叫作雪片清洗（snow - cleaning）技术或冷法清洗（cold - cleaning）技术[8,12]。清洗时通过固体 CO_2 和气态 CO_2 的射流撞击部件表面来去除和清除杂质，可有效去除机械性结合的杂志和非极性杂质。雪片清洗技术是一种相对较新的工艺，可用于替代需要使用 CFC 溶剂等对危害环境的工艺。它可以补充或取代喷雾净化器、蒸汽脱脂机/烘干机和超声清洗系统。

雪片清洗的好处有以下几点：

- 不需要溶剂和水；
- 是干法工艺；
- 去除亚微米级颗粒；
- 可去除油脂和油膜；
- 清洗迅速，只需几秒；
- 可用于 IGBT 和 FRED 芯片；
- 可用于引线键合后的清洗；
- 容易实施，可用于返工等小批量生产。

为了避免芯片表面的水汽凝结，该清洗必须在干燥的惰性气体中进行。

雪片清洗的设备相对便宜，而且加压 CO_2 气瓶和各种手持自动喷枪较容易购买。可通过控制 CO_2 固体颗粒的速度、尺寸和密度来提供密集、中度或轻度清洗。必须注意使用干净的 CO_2。

以下是一些二氧化碳喷射清洗设备的供应商名单：

- Eco - Snow Systems；
- Tomco Equipment；
- Applied Surface Technologies；
- Alphesus Cleaning Technologies。

4.1.2.6 清洁等级

不充分清洗可能会导致灾难性的设备故障，而过度清洗会导致产品成本过高。应当控制到经过优化的清洁等级[13,14]，J－STD－001 和 IPC－6012 叙述了不同残留物类型的清洁等级。要达到这个清洁等级，必须能够在实验中测量洁净度，并把它与寿命测试结果联系起来。这些测量数据也有助于决定使用哪种化学清洗方法。

有两种方法来评估和测量[5,6,8,15－17]清洁等级：粗略检测和分析测试。

1. 粗略检测

粗略检测并不测量实际表面洁净度或识别杂质种类，只是提供了表面洁净度的一般指标。下列测试可以用作连续的在线过程监视器：

- 粒子计数——在感兴趣的区域或表面铺满溶剂，然后用激光粒子计数系统对溶剂进行分析；
- 放大型肉眼观测；
- 水膜残迹试验；
- 接触角测量；
- 溶剂提取电导率。

表 4.4 列举了一些洁净度的粗略检测技术。

表 4.4 洁净度的粗略检测技术

技术	特性描述
粒子计数	提供表面洁净度的简单信息 不能测量实际表面洁净度 不能识别杂质种类 简单有效——可用于在线监测和早期预警
放大型肉眼观测	可用于在线监测 可测量出现的污垢或呈现在表面的颗粒 提供与表面清洁等级相关的一些表面特性，提供绝对量度或相对量度
水膜残迹试验	通过评估表面的润湿性来评估洁净度，垂直放置的干净表面可以维持完整水膜至少 1min 简单可重复 可用于在线监测 提供表面洁净度的绝对或相对量度 不能识别杂质种类 可有效检测有机或油性杂质

（续）

技术	特性描述
光激发电子发射（OSEE）	测量暴露在紫外光下部件表面发射电子的变化率来评估薄膜的存在和厚度 提供表面洁净度的绝对或相对量度 不能识别杂质种类 不需要抛光表面 不能检测颗粒
荧光染料测试	检测吸收荧光染料后在紫外光照射下会发光的油膜 是一种破坏性测试
接触角测量	通过测量表面上液滴的接触角来评估洁净度简单可重复 可用于在线监测 不能识别杂质种类
溶剂提取电导率	测量溶剂中从表面去除的离子材料的含量；测试在 45℃ 下进行，测试时间通常小于 15min 不能识别杂质种类 可用于连续在线监测 符合 IPC－JSTD－001
表面绝缘电阻	用表面电阻衡量洁净度 不能识别杂质种类 适用于初始工艺条件 符合 IPC－TM－650，方法见该标准的 2.6.3 节

以下是一些清洁度监测的服务商：

- Particle Measuring Systems, Inc. ——Surfex；
- AST Products, Inc. ——接触角系统；
- Aqueous Technologies——离子污染测试仪。

2. 分析测试

分析测试提供了有关杂质数量和种类的具体信息。分析测试昂贵且耗时，通常在一个周期的基础上进行，对失效分析也十分有用。表 4.5 列举了一些用于分析表面洁净度的深入技术。

MCNC Analytical Lab 是一家可提供分析测试服务的供应商。

表 4.5 洁净度的分析测试技术

技术	特性描述
二次离子质谱	精确的分子杂质的检测；利于检测气体和低分子量有机物的痕量 使用台式 SIMS 系统，可购自 Ametek
气象色谱（GC）	对挥发性有机物的定量分析 非常有效 使用台式、小型且高速的 GC 单元，可购自 Photovac；最新趋势是合并 GC - SIMS 系统
扫描电子显微镜（SEM）	可获得大对焦程度下的高倍率（300000 ×） 在失效分析中用于放大异常区域
X 射线能谱分析 俄歇电子能谱	可同时分析表面附近化学元素的 X 射线光谱 可研究表面极浅的深度（4 ~ 15A） 可以检测小区域内（ <1μm）低含量的元素（0.1%）
红外光谱	可识别有机官能团 可检测杂质
化学分析用电子光谱	检测低含量的元素（0.1%），但比俄歇电子能谱有更好的可重复性
卢瑟福背散射	可检测衬底材料中的杂质并提供有关杂质原子质量的信息
激光电离质谱	使用激光脉冲电离样品 可执行类似于 SIMS 的功能
聚焦电子束感生电流	可检测金属化层中的开口或缺口

4.1.3 焊接互连

IGBT/FRED 芯片、端子、陶瓷衬底（陶瓷材料用做绝缘衬底）和金属底板是用焊料连接到一起的。根据第 3 章中的介绍，使用的焊料多为 Sn/Ag/Cu 或 Pb/Sn 型。焊料形式可以分为焊片或焊膏，后者通过采用涂覆或丝网印刷方式进行预处理。

在 IGBT 模块中，进行部件连接的常用方法是双焊料工艺，其中一次焊料用于功率芯片与陶瓷衬底的连接，二次焊料用于功率端子和陶瓷衬底及陶瓷衬底和金属底板的连接。一次焊料的熔融温度比二次焊料高约 25 ~ 40℃。

- 芯片连接——通常由位于回流炉入口处的自动芯片贴片机完成。功率半导体芯片放置在焊膏或焊片上后，衬底被自动移动到回流焊炉的传送带上进行焊接。
- 陶瓷衬底、功率端子和互连桥的连接——通常是通过使用以下两种夹具手动完成。

一 具有可拆卸部分的块状石墨工装治具，可用于固定底板、陶瓷衬底、端子和互连桥。焊料可被丝网印刷或涂覆到底板和陶瓷衬底上。也可使用预成型焊片。如果需要的话，石墨可放置在顶部以确保焊接质量。使用的材料通常是半导体级石墨，比如 Poco 石墨。

一 具有定位板的石墨工装治具，该夹具是 10mm 厚的石墨平板，带有与底板和定位板的安装孔一致的导向销。定位或框架是金属的，通常是 1 ~4mm 厚的不锈钢，上面蚀刻有开口用于放置不同的部件。导向销都设有挡块来控制底板上方这些定位板的高度。石墨自重或弹簧夹都可用于确保焊接良好。

Poco Graphite，Inc. 是一家提供定制设计焊接用石墨工装的供货商。

二次焊接过程简单明了，但由于存在较为笨重的功率端子，可能会导致在第二次焊接后需要进行返修。为了解决这一问题，一些 OEM 厂商使用第三种焊料用于端子、互连桥和陶瓷衬底的连接。这样就成了三次焊接工艺，后两个焊接步骤的温度都比之前一步骤低 25 ~40℃。这种方法更加复杂，由于其最高焊接温度可达到或超过 300℃，需要使用 Pb/Sn/Ag 等铅含量高的高温焊料进行功率芯片的连接。在这种方法中，功率芯片和陶瓷衬底的放置都可由自动贴片机完成。

用于焊接的最常用设备是传输带式回流焊炉，有强制对流型、红外型和组合型。这些类型[5,18-20]已用于大批量生产，但是仍然存在一些缺陷。其中之一是加热均匀性的问题。对于红外回流焊炉来说，热源温度比所需加热的模块温度高很多。因此模块上的温度分布很大程度上取决于它的局部材料特性，如热导率和热负荷。强制对流回流焊炉能够较好地解决这一问题，加热过程中的热源是被加热的气体（通常为氮气）[21]，其温度可以被控制到稍高于模块所需加热温度的范围。这种方式的加热过程是准平衡的，也就是说不用考虑模块局部材料特性的差异，也能确保均匀的温度分布。一般来说，强制对流的流速越高，模块与热气间的传热越有效。

强制对流回流焊炉的传送带通常被划分成类似于红外回流焊炉的区域，代加工的部件被摆放在能够连续移动的传送带上，填满每个区域。但是连续运动的传输带不允许出现具有明显差别的隔离区域。对于红外回流焊炉，因为焊接过程中的区域混合只能通过低效的扩散作用，不会产生问题。但对于强制对流回流焊炉来说，焊接过程中的区域混合可以通过对流过程高效进行。焊接过程中的区域混合会导致所设定的回流温度曲线产生变化，对回流焊工艺十分不利。有多种技术可用来减弱焊接过程中的区域混合[22,23]，这些技术采用不同方法在每个区域中引导并控制气流，但会带来体积增大、结构复杂和成本增加等问题。

导热法、热气和激光等其它回流焊技术多用于返工操作，而不用于主要焊接过程。为弥补较高的运行成本，蒸汽回流焊技术严格用于大批量生产中，如印制电路板（PCB）的生产等过程。

无铅焊锡要求使用更有效的强力助焊剂，这使得助焊剂使用规范变得更为重要。最新的回流焊炉配备有助焊剂自动清洗和循环提取系统，可使维护周期减小50% ~75%。

以下列表中包含一些关于IGBT模块焊接操作的指导信息：

• IGBT是一种带有MOS型结构的芯片，必须严格预防静电放电，所有设备和操作者都应当接地，并对所有接地连接进行监测。工作区应喷洒去离子剂，所有机柜、储藏柜和步行区必须保证无静电。温度应保持在20℃，相对湿度为40% ~60%。

• 所有连接操作必须在层流罩等可控环境中进行，由于部件相对较大，为实现无空洞连接，所有污垢、灰尘和空中颗粒物必须降低到最低程度。

• 因为其中有些操作是手工完成的，所有操作者必须戴手套或指套，应使用真空笔或真空吸盘拾取部件。

• 回流焊炉应当使用加载工装和卸载工装。

• 夹具间的间隔通常是夹具的长度。

• 回流焊炉卸载前先运行到冷却区域。

• 由于对象是个裸片和键合线的组合部件，焊接过程应尽可能避免助焊剂。可以通过优化清洗和回流焊技术、使用真空焊接等来实现高质量的连接。另一种替代使用助焊剂的选择是在还原性气体中进行焊接，如在氧气含量小于2ppm的氢气氛围中进行回流焊。对于使用有较高铅含量的高温焊料（>300℃），这种方式会更加有效。为安全起见，要密切监测氧气含量。

4.1.3.1 单腔真空回流焊

对于小批量生产，单腔回流焊是有效的替代方法。单腔回流焊的过程中没有传输带，需要通过改变单腔炉的温度对IGBT模块部件进行加热和冷却操作。在这个过程中，整个腔室经受了与IGBT模块部件同样的热循环。腔室通常是密闭的，可以确保没有气体泄漏，并且单腔炉也能配合真空焊接，可确保无空洞芯片焊接[24]。

单腔回流焊有许多优点，例如：

• 加热非常均匀（与红外型相比）；

• 没有隔离区域的连通（与强制对流型相比）；

• 准确和恒定的回流温度曲线；

• 消耗气体量低（通常为氮气）；

• 与具有两个开口端的强制对流型回流焊炉和红外回流焊炉相比，气体中氧气含量可控（<20ppm）；

• 真空环境可辅助实现无空洞焊接；

- 真空环境中可实现无助焊剂焊接，使用预成型焊片替代焊膏。

表 4.6 比较了强制对流型回流焊、红外回流焊和单室炉焊接[5,18]。

表 4.6 不同回流焊方法的比较

	强制对流回流焊	红外回流焊	单室炉焊接
加热	均匀	不均匀	均匀
效率	低	高	高
区域混合	有	无	无
耗气量	高	高	低
气体纯度	合理	合理	高
回流温度曲线	可变	较好的控制	精确恒定
真空焊接	不可能	不可能	可能
容量	大容量	大容量	小容量
尺寸	大	根据容量变化	小
焊料	有助焊剂	有助焊剂	真空焊接实现无助焊剂

以下是一些单腔烘箱的供应商名单：

- Rehm；
- ATV Technology，Inc.；
  — 单真空室；
  — 带有流水线的真空回流；
- SierraTherm Vacuum Products Group。

在回流焊中，焊料和部件在加热时会暴露在气体环境中，其加热过程可由回流温度曲线表示。回流温度曲线和所用气体对产量、焊点完整性、微观结构和模块的可靠性都有直接影响，其中的两个关键因素是：

- 回流温度曲线；
- 工作气体。

4.1.3.2 回流温度曲线[5,25]

回流温度曲线的关键参数有

- 预热时间；
- 预热温度；
- 焊料液化时间；
- 初始升温速率；
- 冷却速率。

图 4.2 所示为 63Sn/37Pb 焊料的典型的升温/保温/尖峰回流温度曲线。

以下的讨论为建立这些曲线提供了指导。需要强调的是，对不同的生产设施

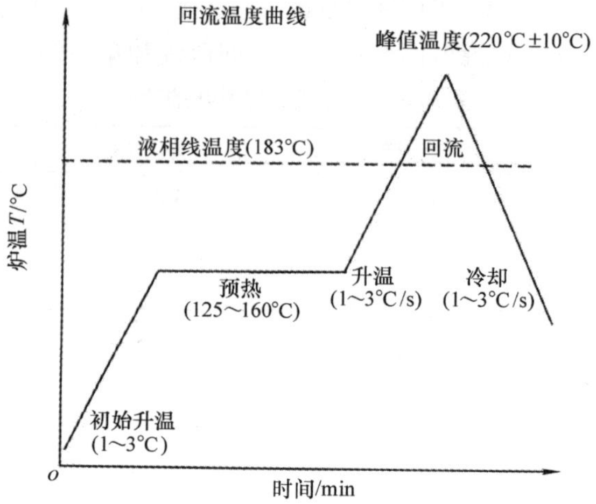

图 4.2　63Sn/37Pb 焊料的升温/保温/尖峰回流温度曲线

来说，最优的回流温度曲线是不同的。它取决于许多因素，例如：

- 所使用的回流焊设备；
- 回流焊方法；
- 使用的焊料；
- 工作气体；
- 产品。

产品的最佳时间温度曲线必须根据具体情况具体分析。

有用的信息可在“IPC Roadmap 无铅电子装配的指南”中找到（见 www.leadfree.org 和 www.ipc.org）。

1. 预热保温时间和烘烤温度

预热或保温时间和烘烤温度的主要目的是确保底板上的所有部件在回流尖峰开始之前充分加热均匀，这也是确定加热时间和温度的重要参考。通常情况下，过大的温度差异使得底板上各部分很难同时达到回流温度，进而造成焊接不均匀。这种由温度差异所引起的问题会损害焊点完整性和长期可靠性。

预热时间和烘烤温度对助焊剂的活化也很重要。如果时间过短或温度太低，助焊剂就不能充分浸润需要焊接的部分，导致冷焊点。另一方面，如果时间过长或温度太高，助焊剂就会蒸发，导致浸润性变差形成的连接处氧化。Sn/Pb 焊料的预热温度通常在 125 ~ 170℃，预热时间是将底板上所有部件加热到相同温度所需的时间，可以在 0 ~ 120s 间取值。对于无铅焊料（如 Sn/Ag、Sn/Ag/Cu、或 Sn/Cu），如果助焊剂能耐高温，则预热温度可以提高到 170 ~ 190℃，一些制造商对无铅焊料采用两级预热的方法。

2. 液化时间

液化时间会影响焊点的冶金特性。如果时间太短，会引起冷焊点、润湿性差和不完整焊接。如果时间太长，则会导致晶粒过大和金属间化合物的形成。以上现象都会使焊点变差，所以液化时间通常被设定在 20～90s 之间。对于无铅型合金焊料，一般需要较长的液化时间，以促进焊料在焊盘上的浸润和扩散。

3. 峰值温度

如果峰值温度太高，容易导致部件的损坏，特别是塑料部件，底板也可能发生的过度翘曲或剥离等现象。如果峰值温度太低，则可能产生冷焊点、浸润性差或开口现象。峰值温度通常比焊料熔点高 20～40℃，为了保持一致性，推荐使用共晶焊料或塑性区较窄的焊料。

4. 初始升温速率

从室温开始快速加热模块时，需要控制升温速率。升温速率不能过快，以防止损坏底板或部件，此外，过快的温升还可能引起助焊剂溶剂的急剧挥发。升温速率通常被控制在 1～3℃/s。

5. 冷却速率

理想的冷却曲线（速率）应该是回流升温曲线的镜像。冷却速率越接近回流升温斜率，焊点的在达到固态时越能产生致密的晶粒结构，从而得到更高的焊接质量和完整的焊点。实验结果表明，更快的升温和冷却速率（2.5℃/s）会得到更细的晶粒，从焊点寿命的角度考虑这一速率是很适用的。蠕变性能、剪切强度和疲劳强度都会受到冷却速率的影响。对于无铅焊料，控制冷却速率是必不可少的，例如采用多区域冷却等方式。

表 4.7 显示了含铅焊料和无铅焊料的升温/保温/尖峰回流温度曲线的典型参数值。

表 4.7 升温/保温/尖峰回流温度曲线的典型参数值

	Pb/Sn	Sn/Ag/Cu	Sn/Ag
预热时间和烘烤温度	30～90s 150～170℃	60s 150～190℃ （可以是两个阶段）	60s 150～190℃ （可以是两个阶段）
液化时间	30～60s	60～90s	60～90s
峰值温度	215～220℃	235～255℃	240～290℃
升温/冷却速率	0～2℃/s	0～2.5℃/s	0～2℃/s

其他常用的回流温度曲线是尖峰升温曲线或三角形曲线。其初始斜坡和预热区整体上被单一、较慢的斜坡区所取代。升温速率约为 1℃/s。与升温/保温/尖峰回流温度曲线相比，它会使焊接时的压力更小，能耗更低。表 4.8 显示了回流

温度曲线参数和焊点缺陷之间的关系。

表 4.8 回流温度曲线参数与潜在焊点缺陷

参数	特征	潜在焊点缺陷
初始升温速率	过快	部件破裂 焊球
预热时间	时间过短	助焊剂活性差 焊料润湿性差 冷焊点
	时间过长	助焊剂蒸发 助焊剂退化 焊料氧化
烘烤温度	温度过低	助焊剂活性差 焊料润湿性差
	温度过高	助焊剂蒸发 焊料氧化
峰值温度	过低	冷焊点（无光泽） 焊接不良（空洞）
	过高	部件损坏 部件熔化
冷却速率	过慢 过快	晶粒较大 金属间化合物 晶粒较小

最优曲线建立后（在排除上述问题后），对曲线的储存是很重要的，这需要通过设置热管理器件[26,27]。在回流炉中安装实时连续的热管理器件对于保证焊点的长期可靠性是至关重要的。

和以往的焊接过程不同，现代的自动化热管理器件可以获得实时的数据。将嵌在两个探管中的 30 个热电偶安装到传送带的上方或下方，热管理器件就可以检测到焊接加热过程的温度，而非加热源的温度。

这些温度一般以理想曲线的形式的显示在显示屏上。基于回流焊炉的设置，热管理器件可提供动态反馈来验证设置是否正确，以及是否符合给定组件的常用回流温度范围。热管理器件可以检测恒温热电偶不能检测的温度变化，并且可以将温度漂移和所处的位置显示在屏幕上。由于是持续的监测过程，热管理器件可提供温度变化趋势和偏差的清晰图像，可以迅速检测到潜在问题。同时，所有的数据可以被永久地记录到硬盘里，方便用户可以审核以前生产过程中的数据。

以下是一些回流焊炉中热管理系统的供应商名单：

- KIC Thermal Profiling；
- DataPaq；
- Technology Information Corp。

4.1.3.3 焊接工艺气氛

在空气环境中进行回流焊有许多缺点，因为空气中含有 21% 的氧，是一种氧化气氛。回流焊中使用的助焊剂可以保护活性金属表面，使其不被氧化。否则会引起浸润性差等问题，其可靠性会受到影响。

因为氮气的化学性质不活跃，相关电子行业中使用高纯度氮气作为回流焊气氛在电子行业中变得越来越普遍[5,21,28]。如果焊接过程中的氧气含量很低（<100ppm），一般可获得良好的回流焊效果。对氮气的进一步纯化可使氧含量远远低于 100ppm，但其效果并不明显。现场测试已经表明，氧含量在 15~100ppm 之间变化时，回流焊质量没有差别。表 4.9 显示了氮气纯度对焊接过程的影响。

表 4.9 氮气纯度对焊接过程的影响

表现	氮气中的氧含量/ppm
脱色减少	10000
更易清洗助焊剂残留物	500
形成的焊球减少	200
较少焊膏残留物的回流	<100

随着免清洗助焊剂、焊膏的大量使用，使用氮气做保护气体就变得更加重要。所谓的免清洗助焊剂和焊膏中含有的固体很少，在焊接时所能提供的保护比普通助焊剂和焊膏都要少。

无铅焊锡的出现也促进了氮气的大量使用。在一般情况下，无铅焊锡的浸润性比含铅基焊锡要差，氮气回流可以减少 SnO 的含量，并且能提高浸润性。

焊接时使用氮气作为回流焊气氛的其他优点如下：

- 形成的焊球较少；
- 易清洗。

氮气纯度对回流焊操作中的其他特性也会产生影响，如：

- 浸润性；
- 浸润时间/速度；
- 助焊剂的扩散；
- 焊球的形成；
- 助焊剂残留物；
- 焊料的显微组织。

考虑到氮气纯度对回流焊特性的有利影响，推荐安装氮气分析仪和调节系统来控制氮气的含量。这种系统的供应商之一是 PBI Dansensor。

使用气氛控制回流焊，如氮气保护气氛回流焊的主要缺点是氮气气氛的材料和生产成本。通常情况下，$100ft^3$[㊀] 的 N_2 在美国花费 0.50 美元，在欧洲花费 0.70 美元，在远东花费 1.10 美元，并且纯度越高越贵。随着行业对成本降低需求的增长，可以基于可靠地成本效益分析，计算得到产品利润中超出氮气本身的单位成本，再决定是否使用氮气。

其他几个涉及焊料连接的问题也必须得到解决：

- 具体应用；
- 快速连接导片的连接；
- 返修/返工。

4.1.3.4 焊料的应用

焊料可以是焊片或焊膏，焊片干净但较为昂贵，而焊膏需要彻底地混合和脱气。

在供应商规定的使用期内，焊膏焊料可通过丝网印刷或涂覆的方式来具体应用[29,30]，也可使用预涂阻焊剂的方式，该方式与用在印制电路板中的过程类似。回流焊前必须仔细监测焊料的完整性，包括均匀性、厚度、覆盖率和位置等信息，具体见 4.2 节的描述。

丝网印刷在速度上有鲜明优势，但是该方法较为复杂。其产量和产率取决于以下因素：

- **选择合适的焊膏**——参考流变学，最大粒径≤1/5 最小孔径宽度；
- **丝网厚度与孔径设计**——丝网厚度≤2/3 最小孔径宽度；
- **丝网开孔与焊盘布局**——通常孔径比焊盘小 10% ~20%；
- **丝网材料**——镍合金、不锈钢；
- **丝网制造技术**——化学蚀刻、激光、电铸；
- **刮板材料**——橡胶、不锈钢等金属。

表 4.10 提供了间距与模板厚度的参考。

表 4.10 间距与模板厚度的准则

间距/mil	建议模板厚度/in
50	0.010
25	0.008
20	0.006

㊀ $1ft^3 = 0.02832m^3$。

以下是焊膏供应商建议的丝网印刷工艺条件，可作参考：

- **丝网**——建议使用由激光切割或化学蚀刻得到的不锈钢丝网。丝网宽度和厚度的比值应为 1∶5，焊盘与孔壁间的面积比应大于 0.66；
- **刮板**——推荐使用不锈钢，也可使用高硬度（80 ~90）的橡胶刮板；
- **压力**——每英寸刮板重 1.0 ~2.0lb；
- **速度**——每秒 0.5 ~3.0in；
- **间隙**——最好用接触型印刷，也可以使用间隙值为 0.010in 的方式；
- **环境**——温度 21 ~25℃，相对湿度 35% ~70%。为防止蒸发，焊膏上的气流应保持到最低限度；
- **清洗**——使用6% ~9%的异丙醇或皂化剂来清洗丝网、刮板和相关工具。

对于水溶性焊膏，先用温水洗涤，再用异丙醇漂洗。

注意：

- 不能重复使用丝网上的焊膏。

印刷应在可控环境中进行。

另一方面，涂覆的方式更加简单且更适用于不同部件以及高度的变化。涂覆轮廓（胶滴尺寸和高度）取决于焊膏的流变性、黏度和浸润性。为实现良好的回流焊，焊膏中的焊球尺寸与涂覆针内径之间的比值必须维持在 1∶7。更重要的因素是涂覆直径与高度的正确比例，低黏度材料的涂覆应具有 3∶1 的径高比，而高黏度焊膏的涂覆需要 2∶1 或更好的比例。随着胶滴高度的增加，应当使用具有更高黏度的焊膏。

良好胶滴具有的形貌有：

- 圆形；
- 圆顶形或具有“好时之吻”巧克力的外形。

临界胶滴具有的形貌有：

- 椭圆形；
- 凹陷或扁平外形。

较差胶滴具有的形貌有：

- 飞溅；
- 拼接；
- 拖尾。

为了使胶滴形状一致，要精确地控制针头和衬底间的距离。

胶滴在功率芯片焊盘上的分布图案最好是正方形矩阵或长方形矩阵，这将为回流焊时的脱气提供路径。胶滴直径一般是 30 ~40mil，之间的间距是 8 ~10mil，不过这些值会随着应用不同而发生变化。胶滴间距应大到可以提供空气通道，但为避免产生空洞也不应过大。此外，回流焊的均匀性和平均厚度也是必须考虑的因素。已经发现X形胶滴非常有利于气体从芯片和衬底间排出，因此可以应用X形针进行涂覆。

把用于印刷的焊膏用于涂覆效果会变差，使用非涂覆专用的焊膏可能会导致涂覆机的堵塞。可涂覆用焊膏或涂覆专用焊膏具有比传统焊膏更低的黏度，涂覆用焊膏中金属的含量约为85%，而印刷用焊膏的金属含量为90%或更高。

最新的设备是数控涂覆机，可以用来涂覆精细的胶滴，胶滴直径可被控制到3mil以下，位置精度在5μm以内。

Creative Automation Co. 是的数控涂覆机供应商之一。

4.1.3.5 快接导片的连接

对于带有预制引线的快接导片，可以通过烙铁、激光或加热气体等方式手工焊接到陶瓷衬底上的铜层上，此过程应在氮气氛围中进行。使用的焊料可以是无铅型的，如Sn/Ag、Sn/Ag/Cu或Sn/Cu，焊线直径为0.040in。

使用烙铁焊接时，有一些实用的技巧：

- 从较低温度开始。
- 选用最钝和最短的烙铁头可最大化传热效率，尽量使用信誉较好供应商的烙铁头，如Plato Products。
- 注意清洗和修整烙铁头。
- 把焊料加到焊接区域而不是烙铁头上。
- 尽可能不使用助焊剂，尤其是水溶型助焊剂。也可以使用极少量的免清洗助焊剂或RMA助焊剂，之后需要加热去除衬底上过量的残留物。根据具体情况，可在焊接后加入CO_2干法清洗或蒸汽脱脂的步骤。
- 使用30~60W的电烙铁，并保证焊接时间少于5s。

加热气体或微火焰回流焊与快接导片尖端的焊接相比有一些独特的优势：

- 非接触焊接；
- 加热速率较慢，热冲击较小；
- 温度和加热速率可控且可重复。

尽管气体加热系统相对烙铁焊接来说较为昂贵，但它仍是更好的选择。

注意：手工焊接台必须在通风良好的区域使用，或配备排烟系统，这样可以避免可能带来的健康危害，例如由助焊剂烟雾引起的哮喘。

以下是一些手工回流焊台的供应商名单：

- Pace, Inc.（保护气体为N_2的烙铁头焊接）；
- Leister Technologies（激光焊接或微火焰焊接）；
- Cooper Tools（数字焊台和微焊接笔）。

4.1.3.6　返修/返工

返工是总装配过程中高效经济的步骤，需要经过适当的操作员培训（IPC - 7711，7721）并使用合适工具。通过使用浸有 6% ~9% 半导体级异丙醇的去离子水的擦布去除湿焊膏，可以纠正回流前的印刷缺陷或错误。回流后返修有缺陷的部件，需要特定的工作台，以便能够在不损坏或影响衬底和周围部件的情况下，将部件加热至足以使其下方焊料熔化的温度。

三种经常用于返工/返修设备的技术是：热风加热技术、红外加热技术和导热法。

1. 热风加热技术

最常用的技术是使用大到足以包含整个缺陷部件的热风喷嘴，使用的气体通常是氮气，可以减轻焊点的氧化。过程中应当使用低气流系统，可以消除相邻部件间的相互干扰，因此工作台必须具有调节和控制极低流量气体的能力。所设定的气体温度通常要比焊料熔点高 20℃。经过预设加热时间（最大 4.5min）后焊料熔化，可使用真空吸附工具迅速移除部件。移除该部件后，继续焊接预先准备好的替换部件。残留的焊料通过以下方法去除：

- 脱焊烙铁；
- 脱焊热气系统；
- 脱焊条（如 Soder - Wick，Fine - Braid 或脱焊丝带）。

脱焊条是最好的方法，因为它不会损坏焊盘。残留焊料被去除后，要使用合适的溶剂清洗焊盘以去掉残留的助焊剂残渣，为新焊膏的使用做准备。通常情况下，返修所用的较低温焊膏是通过涂覆或单部件丝网印刷的方式加载到焊盘上的。返修设备应当能精确安放新部件，之后在氮气中进行回流焊以形成良好的焊点。回流过程一般是计算机控制的，应当包含前述的所有步骤。返修成品应经过适当的清洗并进行目视检查。

移除和替换过程中的关键因素如下：

- **操作人员培训**——平衡温度和气流、引导气流、屏蔽部件、去除残留焊料、清洗焊盘、涂覆新焊膏；
- **X - Y 定位系统**——确保定位精度并具有可重复性；
- **跟踪系统**——保证有缺陷的 IGBT 与所替换的 IGBT 属于同一 V_{CEON} 分组。

以下是一些热风返修工作台的供应商名单：

- Air - Vic Engineering Co.
- Pace，Inc.
- Advanced Techniques Co. ，Inc.
- OK International

2. 红外加热技术

使用中波长部分或“暗”范围内（2~8μm 波长）的红外光可替代热风加热技术。红外加热技术能保证部件整个表面的均匀吸收和均匀加热。与热风系统不同，红外辐射器具有 X-Y 孔径系统，可以根据部件的不同尺寸和形状作出调整。红外辐射会均匀集中在有缺陷的芯片上，而对 0.5mm 内的相邻芯片影响很小。红外系统比热风系统更适合操作。

以下是一些红外加热返修工作台的供应商名单：

- ERSA GmbH；
- PDR SMT/BGA Rework Solutions。

3. 导热法

通过接触热传导方式加热，焊点被迅速加热，而衬底和相邻部件只保持温热，过程中 IGBT 芯片的移除时间通常小于 30s。这一方法所使用的工具成本较低，并能被大多数操作者迅速掌握，能够产生具有重复性的可靠结果。缺点之一是导热法不能用于调整未对准的部件。

以下是一些导热法返修工作台的供应商名单：

- Unite Equipment；
- Micro Join。

注意：

- 无铅焊料的返工比含铅焊料困难，这是因为无铅焊锡不像含铅焊锡一样容易浸润或铺展。为满足无铅焊料的较高熔点和较差浸润性，必须修改焊接参数。需要注意返修/返工时含铅和无铅焊料的“混合”问题，如果用无铅焊料修复含铅焊点，所得焊点的可靠性类似于含铅焊点。反之如果用含铅焊料修复无铅焊点则会降低焊点的可靠性。
- 返修/返工台必须放置在通风良好处，或配备有排烟系统，以防止任何危害健康的隐患，例如由助焊剂烟雾引起的哮喘。

4.1.4 功率端子互连

作为成熟可靠的工艺，最常见的功率互连方法是引线键合互连，需要要用到金线或铝线。在 IGBT 功率模块中，粗铝线可通过超声引线楔型键合，将 IGBT/FRED 表面上的铝金属层和陶瓷衬底连接。键合设备通过使用复杂的图案识别系统，如 Autodyne 360 等，可实现高度自动化。通过安装“智能”功率发生器，如由 Verity 提供的产品，连接质量可得到进一步提高。

另一种互连方法，压接技术或压接式灌封材料（CBE），正被广泛用于高效整流器和 SCR 模块中（如 Powerex 的 ED41 系列）。这种方法在高循环载荷下具有优秀的热疲劳性能，但是电气特性和热接触性能较差。在这种方法中，功率芯片通过 BeO 陶瓷等隔离物与铜底板隔离开。芯片被夹在顶部和底部的铜电极之间，电极的形状和尺寸取决于电路结构。压力由钢弹簧盘产生并施加到芯片上，钢弹簧盘一般放置在顶部的电极上，且用 2 ~ 4 个安装螺钉固定到底板上，压力通常为 500lb/in^2。由于所有接触点都只是靠压力产生的，因此平行度、平面度和表面状态（洁净度、毛刺、裂纹等）对压接封装所能实现的压力均匀性都是十分重要。在 SCR 中，栅极线通常是单独焊接的。

由于需要高强度的手工劳动，以及用来提供压力的复杂机械结构，这种封装方式的生产成本很高。最新具有超薄 NPT 结构（约 100μm）的 IGBT 芯片给压封装带来巨大挑战。Semikron 具有一系列 IGBT 智能功率模块的产品，如 Mini-SKiiP 等，它们都采用了压接和 DCB 衬底相结合的技术。Westcode 和 Toshiba 都已经推出了应用工业标准压缩封装的分立 IGBT 器件，其额定电流为 400 ~ 1000A，电压为 500 ~ 2500 V。

KeyBellevilles, Inc. 是弹簧盘的供应商之一。

4.1.4.1 引线超声键合

与压接技术相比，引线超声键合更简单。它涉及到铝线的使用，铝线通过键合楔头送进。键合时楔头将引线压在金属焊盘上，然后将超声能量（通常为 20 ~ 60kHz）施加在楔头上。引线在接触面上摩擦，引起局部加热和冶金熔接。铝线上的薄氧化物涂层会首先破裂，氧化物会有助于摩擦加热过程，从而形成可靠的键合。第一键合点形成后，衬底相对于楔头移动，使引线通过楔头上的孔拉出，衬底的移动只能沿着送丝方向。当引线到达第二个焊盘时衬底停止移动，然后重复上述键合过程。第二键合点完成后，引线被夹住远离键合点，并留有尾丝。在最新的 Orthodyne 360 键合机中，键合头实际上可以在四个维度上移动：X 和 Y 方向移动 6in，Z 方向移动 1in，并能旋转 360°。它的键合角也可独立于引线方向，其键合工艺远比现在流行的人工操作版 Model 20 灵活。

Orthodyne 是铝线超声键合机的供应商之一。

以下列出了有关铝线超声键合的一些有用信息：

- 第一键合点和第二键合点排列在一条直线上，与铝线从卷轴到导线嘴的方向平行（Model 20）。
- 第一键合点和第二键合点都有两个设定选项值，分别是时间和功率（或压力）。
- 开始时，将 4 个设定值调整到限值的 1/4。
- 把空白陶瓷敷铜板放在接合卡盘上夹好。
- 尝试把第一键合点和第二键合点放在焊盘上。如果不能完成，不断调整设置值直到键合点形成。通过拉伸实验测量强度，对于直径为 350μm 的引线，抗拉强度应大于 2.5N，断裂应发生在引线中段而不是键合点处。如果键合点断裂，应重新调整设置值。

• 对于第一键合点，可以使用较低的设置值并调节时间，直到形成一个良好稳固的键合点。因为第一键合点将放置在 IGBT 上，过大的力将会损坏芯片。

• 空白衬底上形成令人满意的键合点后，再使用已经焊有 IGBT 芯片和二极管芯片的衬底，尝试引线键合到芯片上。

• 如果引线可以连接上并能通过拉伸测试，可以进行电气测试来确保芯片没有受到损坏。如果芯片不能通过电气测试，还需要继续调整设置值，降低力或功率的设置，直到能形成良好稳固的键合点为止，它应具有：

—良好的抗拉强度

—良好的电气特性：

• I_{DSS} = 4.5mA 时 V_{DSS} > 1200V

• I_D = 100mA，V_{CS} = 12V 时 V_{DSON} < 4V

• 始终把第一键合点放在 IGBT 和 FRED 芯片上。避免芯片与芯片的直接键合。

• IGBT 模块的失效主要发生在引线键合互连处。有三个原因：

— 过大的键合力——过大的键合力会损坏芯片，特别对于源极的键合。在 IGBT 芯片的结构中，源极键合焊盘在栅极金属的上方，它们之间用一层 SiO_2 隔开。过大的键合力会破坏这一氧化层，使得栅极和源极短路，导致失效。

— 机械划痕——源极焊盘上的机械划痕也会导致短路。这些划痕通常是由于部件未夹好，或键合机手柄的偶然移动等原因引起的。

— ESD（静电放电）——引线键合互连时，栅极氧化物容易受到 ESD 的损害。

• 由于 IGBT 芯片的敏感性，前五个已生产产品必须进行视觉、机械和电气的检查。如果其中有一或两个失效，则必须进行失效分析并立即采取纠正措施。后续的五个生产产品也将受到检查，直到没有失效为止。如果有三个或三个以上失效，要停止生产并通知生产主管处理。

• 铝线的抗拉强度见表 4.11。

• 夹钳应靠近送丝槽/孔，尾部控制、线弧控制和终端控制都会较好。

• 键合线的弧形要进行适当的调整，如果线弧太松，会引起相邻引线间的短路。另一方面，如果线弧太紧，任何过大的应力都会导致引线断裂。

• 应使用碳化钨和锇合金制成的键合头。

• 引线键合互连操作应在层流罩或洁净棚等可控环境中进行。

• 键合前要确保键合机、操作人员和所有桌垫接地。

• 进行键合操作的人员应戴上特殊的无静电指套或手套。

• 在每个工作班次开始前，键合机必须通过 QC 检查。如果抗拉强度不能满足要求，需要通知生产主管处理，直到机器运行正常才能开始。

• 根据引线嘴的振幅定期校准键合机。

• 通过将键合点沿着与金属表面呈约 20°的方向移除，可实现引线键合互连的返工。

表 4.11　铝线的最小抗拉强度

铝引线/μm	抗拉强度
Φ25	>3gm
Φ50	>8gm
>Φ300	>2.5N

在 200A 的功率模块中，0.012in 铝线优于 0.020in 铝线，其原因如下：

• 更低的超声能量——键合时 0.012in 的引线比 0.020in 的引线需要的声能量低。

• 更好的电流分布——例如一个 200A 的 IGBT 模块需要 2 个 100A 的 IGBT 芯片。每个 100A 的 IGBT 芯片需要 10 根 0.012in 的引线或 4 根 0.020in 的引线。0.012in 的引线可提供 IGBT 芯片表面上的 10 个键合点，或者 20 个接触点，而 0.020in 的引线只能提供 8 个接触点。

• 热膨胀系数不匹配引起的热应力——0.012in 引线上的应力只有 0.020in 引线的一半。

200A 的 IGBT 功率模块需要 70 根 0.012in 的铝线。虽然使用成熟的工艺，大量的引线仍然会带来以下影响：

• 可靠性；

• 回路电感和电容。

因此也可以考虑如图 4.3 所示的全焊接方法[32]，在这种方法中，铝线被替换成：

• 功率芯片上方表面的焊料凸点；

• 连接这些焊料凸点与陶瓷衬底的弯曲铜电极。

这种方法能够大幅度简化制造工艺，使用一种焊料的回流焊可实现：

• IGBT/FRED 芯片与陶瓷衬底的连接；

• 芯片电极与陶瓷衬底的连接；

• 功率端子与陶瓷衬底的连接；

• 陶瓷衬底与金属底板的连接。

如果采用200A 的 IGBT 模块的标准生产方法，这些操作需要：

- 在两种或三种不同温度曲线下进行两次或三次焊接；
- 使用具有不同熔点的两种或三种焊料；
- 一种或两种分开的铝线键合。

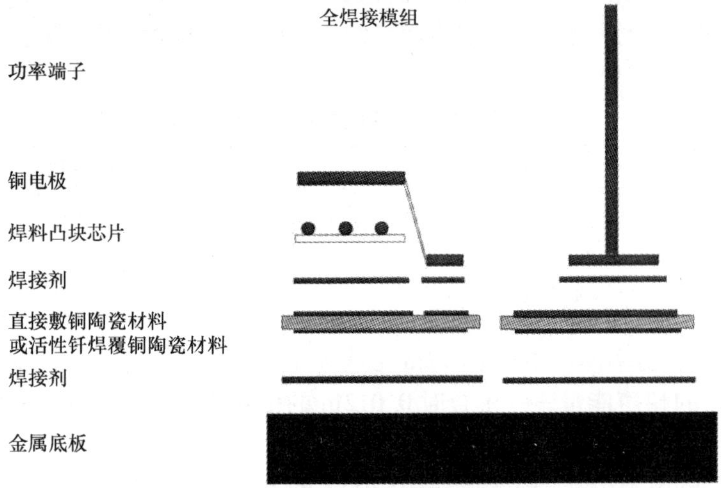

图 4.3　使用带有焊料凸点的功率芯片的全焊接模组

4.1.4.2　焊料凸点

焊料凸点就是在 IGBT 和 FRED 芯片金属化表面上的焊接材料凸起，凸点制造工艺虽然复杂，但已经比较成熟[6,34]。首先将类似 Si_3N_4 材料的无针孔钝化层在低温下沉积到芯片金属化表面，之后钝化层会被有选择性地去除，按照经过设计的图样露出所需的铝金属化焊盘部分。接下来在露出的铝上沉积一层 UBM（Under - Barrier Metal，金属阻挡层）层，通常情况下是铜层，再进行相关的电镀或丝网印刷。UBM 层被调整到大约 45μm，这是焊料凸点塌陷后的间隙高度。焊料凸点的总高度范围为 100 ~ 125μm，公差为 ±5μm，凸点大小也取决于设计图样。

由于现在的 IGBT 和 FRED 制造商一般不提供带有焊料凸点的芯片，这种凸点回流焊工艺必须通过其他公司处理，并能以整晶圆的形式加工处理。相应的焊料可以使用 Sn/Ag 或 Sn/Ag/Cu 等无铅材料[36]。如果使用这种方法，整个组件可以用具有很低弹性模量的单一焊料焊接在一起，可以等效提高功率模块对热应力的耐受程度。

以下是一些提供凸点回流焊的服务商名单：

- Pac Tech；

- Unitive Electronics, Inc.;
- Focus Interconnect。

对于焊料凸点必须检查：

- 共面性；
- 剪切强度；
- 位置精度；
- 不完全或有缺陷的凸点。

其中，共面性是最重要的问题，有缺陷的凸点次之。

以下是一些进行焊料凸点检查的服务商：

- Dage Precision Industries；
- Royce Instruments。

丝网印刷和电镀是两种用于生产焊料凸点的主要方法[37-39]，其中丝网印刷因为能节省时间和成本而变得越来越流行，这是因为丝网印刷的过程很快，焊膏会同时沉积在 IGBT 和 FRED 晶圆的整个表面。其生产过程不需要光刻，生产率也很高，只有少数步骤是较为复杂的，因此丝网印刷的成本较低。最先进的印刷系统成本只有传统凸点薄膜系统成本的几分之一。电镀工艺相对更加复杂，也更适合于多引脚数的微处理器。

丝网印刷成功的关键是丝网的合理设计，影响用于凸点的丝网切割技术的要点包括：

- 丝网厚度；
- 孔径尺寸；
- 形状；
- 方向；
- 位置。

对于凸起丝网，切割技术必须能够处理窄小的尺寸和细微的位置公差，进而生成出多而密集的孔，其关键是要使孔的位置与设计尽量接近。孔径尺寸与最初设计尺寸的细微偏差都会引起凸点高度的变化，从而导致较差的共面性。

在目前的技术中，只有电铸加工丝网与激光切割丝网才能符合在晶圆上有效印刷的要求。其中激光切割丝网相对更好，因为孔开口是锥形的，丝网一侧的开口尺寸比另一侧稍大。对丝网厚度、孔径尺寸和方向，都需要通过实验进行调整。经过优化后的组合才能产生出令人满意的传递效率，以及适合的印刷效果，不会产过密的孔洞。首选的孔径形状是圆形或八边形，可以降低角缘应力。

Milara 是生产焊料凸点丝网印刷系统的供应商之一。

与其相匹配的助焊剂是水溶性助焊剂或轻度松香型助焊剂，并在丝网印刷中使用最细规格的焊锡粉。对于 Pb/Sn 焊料，具有 90% 金属含量的 V 形颗粒十分适合凸点印刷。回流焊后需要去助焊剂，因为清洁的表面对于后续的底部填充很重要。

由于窄间隙的限制，去助焊剂的步骤在这种情况下更加复杂，对清洗用化学品的要求是：

- 助焊剂的溶解性好；
- 无漂洗；
- 表面张力低；
- 黏度低；
- 对环境友好；
- 无异味或有轻度异味；
- 可燃性低。

少数的 HFC 和 HFE 溶剂可满足这些要求。

Kyzen 公司是提供用于凸点回流焊工艺的去助焊剂的供应商之一。

焊料凸点回流焊工艺的回流温度曲线与常规回流类似，但是要延长预热区以便“冻结”焊料凸点，尽量减少到达液化温度时可能发生的塌陷[21]。

200A IGBT 模块的全焊接模组需要 8 个电极：4 个用于 IGBT 芯片，4 个用于 FRED 芯片。一般采用冲压的方式把电极做成电极引线框的一部分，便于形成所需结构，在回流焊后还可能需要一定的修整。为了能承受 200A，铜框架应至少有 0.020in 厚。这样的厚度也引起了研究人员对铜框架和功率芯片之间热应力配合的关注，以下五个因素将有助于缓解不匹配：

- 凸点高度——100 ~ 125μm 的厚度有助于降低芯片上的热应力，可能耐受更大的应力。
- 凸点间距——在芯片上均匀分布的凸点间距也能降低应力。
- 凸点材料——使用 Sn/Ag 或 Sn/Ag/Cu 等具有较小弹性模量的柔性焊接材料，可以使键合点吸收更多热应力，大大降低对功率芯片的影响。
- 凸点尺寸——具有较大焊球的焊料凸点一般具有较好的热疲劳可靠性。但是过大的焊球在机械应力下强度较弱，可能需要使用底部填充胶来加强机械性能。
- 电极材料——除了 Cu，Cu/Be 合金也能用作电极，其机械强度更好，热匹配也更好，但是成本较高，一般使用 98% Cu/2% Be 的合金成分。

4.1.4.3 底部填充/顶部填充

使用低黏度的涂层涂覆到电极和功率半导体芯片之间，然后填充到凸点间距中，能够具有好的浸润性和渗透性。该涂层通常是环氧基材料，具有多种功能[40-42]：

- 通过形成强力的黏合来降低和重新分配焊料凸点上的应力和应变；
- 提高顶部表面的热导率；
- 防止污染物的进入。

底部填充胶的要求如下：

- 低弹性模量；
- 低黏度；
- 高浸润性；
- 高纯度并且无离子或腐蚀性成分；
- 快速固化（使用变频微波［VFM］通常只需要 5min）；
- 球形圆角颗粒低于间隙大小的一半；
- 可返修。

底部填充不是定型的 SMT 工艺，选择合适的材料成为增强可靠性和工艺性的最重要参数之一。填充全焊接模组有两种方法：

- 毛细灌封方法（通过滴涂）[40,41,43-45]；
- 全焊接法中底部填充的整体涂覆方法（通过印刷、涂覆或旋涂）[40,43,44,46]。

1. 毛细灌封方法

毛细灌封方法是较为常见的一种方法，底部填充过程在所有回流焊操作后进行。底部填充胶通过毛细管被仔细涂覆到功率芯片和顶部电极之间 0.004～0.006in 的间隙中。涂覆应沿着一个边缘进行，以防止嵌入空气。毛细作用使得底部填充胶越过芯片，填充到芯片和电极之间的间隙中。间隙填满后，可沿着芯片边缘再涂覆一些底部填充胶形成端角。端角能提高芯片的热循环性能，尤其对于较大尺寸的芯片。

涂覆前底部填充胶被加热到 80℃ 以降低它的黏性，加热同时会减小底部填充胶和衬底间的接触角，从而产生较强的毛细作用力来拉动底部填充胶越过芯片。一些设备会对整个组件加热，进一步降低黏性和提高底部填充胶的附着力。可加入硅烷化合物等浸润剂来提高浸润性，也可使底部填充胶流动至芯片边缘形成端角，这个过程称为自动倒角。涂覆针内径通常选择 0.016～0.020in。

保证底部填充胶的无空洞是很重要的，因为空洞会导致焊点早期失效。因此需要精确控制底部填充材料的用量和允许毛细管流动的时间，才能达到一致的结果。此外，由于大多数底部填充胶属于环氧树脂，在适用期内黏度会随时间变化的。因此，涂覆系统应当具有调整涂覆材料用量的补偿系统，来补偿黏度的变化，一般需要使用具有正向位移阀的涂覆设备。

一般情况下，不同的步骤和材料都需要建立独立的具体工艺，包括流动温度、涂覆模式和时间等。

以下是一些毛细管型底部填充胶的供应商名单：

- Loctite Corp. ;
- Ablestik Electronics Materials & Adhesives;
- Dexter Electronic Materials。

2. 全焊接法中底部填充的整体涂覆方法

整体涂覆是一种较新方法，需要特制混有焊剂的底部填充胶。其底部填充过程一般在回流焊操作前进行。底部填充胶在功率芯片的顶部滴涂成球状，然后通过压力压入底部进行填充，以确保电极和焊料凸点间的接触。其压力通常为150~350g，也取决于凸点的尺寸和数量。之后整个组件进行回流焊，为建立较低应力的底部填充层，回流后需要进行二次固化，可以在 VFM 中进行 5min 或在传统回流炉中以 150℃进行 1h。

因为底部填充胶可以在整个晶圆上进行操作，这种方法更具有应用潜力。焊料凸点可以通过丝网印刷或旋涂方式对晶圆进行整体涂覆，之后对底部填充胶进行干燥，形成类似于晶圆级黏合剂的固态黏合膜。这些带涂层的晶圆再被切割成芯片，可以像其他部件一样被处理。这种晶圆级的底部填充工艺可以进行返修，取消了许多目前限制底部填充技术的昂贵生产步骤，例如单个芯片的独立底部填充步骤和分离固化步骤等。

以下是一些整体底部填充胶的供应商名单：

- Emerson & Cuming;
- Kester Solder。

4.1.4.4 焊料凸点图样

大多数 IGBT 芯片具有多源极焊盘的图样，焊料凸点可以直接利用这种图样，也可以设计新的自定义图样，如正方形或矩形矩阵等，取决于功率芯片的尺寸和形状。对于正方形芯片，可以是以下任意一种矩阵：

- 4×4;
- 5×5;
- 6×6。

凸点的实际形状一般是圆形或八边形，可以降低角缘应力。

4.1.5 电气和热学测试

4.1.5.1 概述

本书介绍的功率模块是用在 75kW 三相恒压恒频（CVCF）逆变器电源中的功率传输部件，每相都需要采用能够传输 200A 和阻断 1200V 的半桥器件。模块在 8kHz 下工作，输出三相交流。由于发电系统是独立单元，因此必须通过精密制造和全面测试来实现较高的可靠性，以及有竞争力的价格和优异的性能。

可靠性、价格和性能都非常重要，本书将采用一种利用统计分析的方法进行全方面测试，能保证近乎完美的良品率。每个功率模块的部件和功率模块的完整测试记录都需要被保持，以实现准确的产品分析。每个 IGBT 模块应具有条码识别，以及单独的文件记录材料特性、工艺参数、组件测试结果和模块的测试结果等信息。由于这些模块难以返修，所有失效的模块都会被送往失效分析实验室，以确定可能失效的原因。从测试记录中收集的信息和失效分析的结果将会用于产品的改进。

表 4.12　引线键合互连组件与全焊接模组

	铝线键合组件	全焊接模组
可靠性	随着引线数量的增加而降低	高
电流分布	取决于引线数量	均匀
热性能	无影响	双面冷却
互连电感	引线电感	电极电感
共面性	不需考虑	需要检测
强度	需要检测引线的抗拉强度	需要检测焊料凸点的剪切强度
制造工艺	一个 200A 的 IGBT 模块需要三次回流焊和两次引线键合	一次回流焊用于连接——功率芯片，陶瓷衬底，功率端子，金属底板
成本	材料成本低 装配成本高	材料成本高 装配成本低

图 4.4 显示了模块功率部分的基本结构，用于工程性生产测试的测试设备必须能够测量这些基本功能。测试设备还需要具有提高性能的灵活性，以待更复杂的功能加入。

有 4 个阶段的测试要考虑：

- 工程评估；
- 进厂检验；
- 生产过程中的过程测试；
- 成品模块的最终测试。

对于工程评估和试制测试，需要的设备是带有通用接口总线的 Tektronix Model 371A 芯片静态分析仪，Analysis Tech Phase 10 热分析仪和能提供高电压大电流的电源，并以此来模拟短路测试。芯片静态分析仪能够提供一簇曲线，可以准确描述模块中每个 IGBT 和 FRED 的开（200A）、关（1200V）特性。热分析

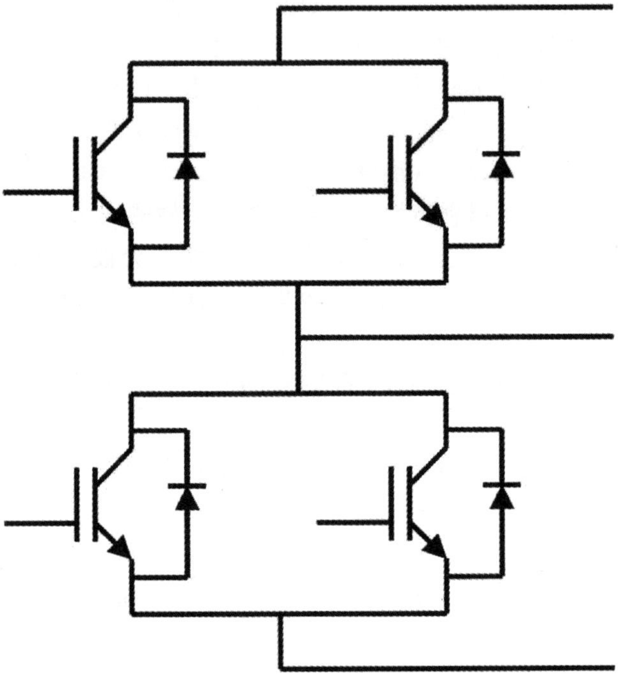

图 4.4　并联 IGBT 的半桥连接方式

仪可以提供热阻曲线来显示温度特性，并能反映模块中每个功率部件的温度性能。通过该设备获得的信息配合芯片制造商提供的测试数据，应该能够完全描述开发和试制阶段组装的每个模块。

如图 4.5 所示，入库的电子元器件与相关数据将首先入库并记录。一般来说，半导体制造商会提供原材料的测试数据，这些数据将被录入产品数据库。数据包括静态参数的测试结果，如 IGBT 的漏电流、击穿电压、阈电压、V_{CEON} 和 V_{ECSAT}，以及 FRED 的击穿电压、t_{rr} 和 V_{FM} 等。通常情况下，特性数据和统计数据可用于每批中的每个晶圆。随着模块的复杂化，将需要从复杂的集成电路中获得额外的数据。

在生产过程中，分步组装的 IGBT 模块将受到中途测试。要测试的典型参数有 I_{CES}、V_{CES}、I_{GES}、V_{GES}、V_{CESAT} 和 V_{GETH}，可使用半自动探针台进行测试。

成品模块将进行如图 4.6 所示的一系列测试。由于前一阶段的测试数据已被收集，需要审查本阶段每个测试的必要性，可进行小样本测试或取消测试以降低制造成本。

静态测试和动态测试会在高应力短路测试和安全工作区测试前后分别进行，以检验这些测试是否会造成退化。需要进行所有的温度测试来评估芯片和引线键

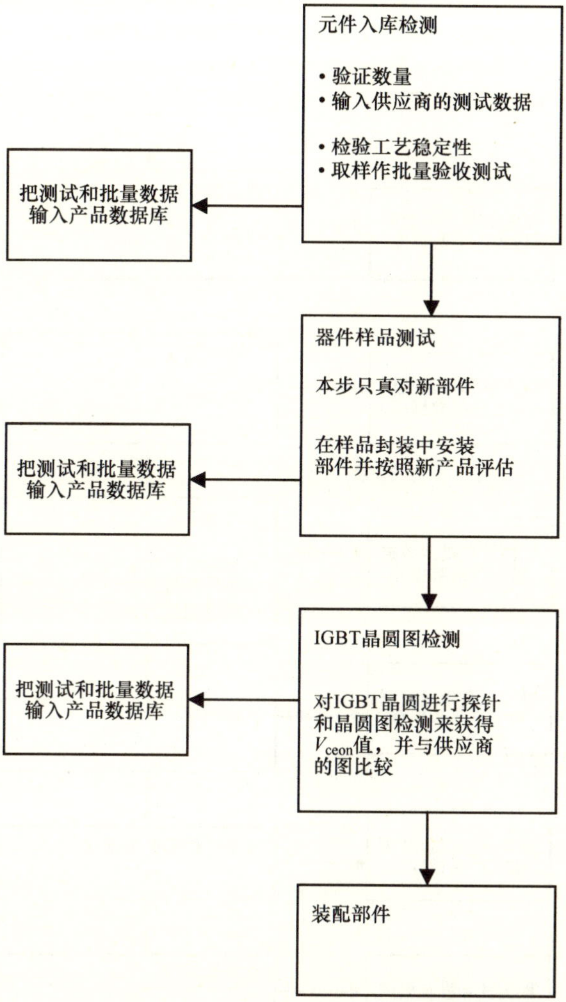

图 4.5　部件入库验收流程图

合的完整性以及模块的热阻。

所有最终的测试数据记录都需要被记录在每个模块的条形码或二维码上。(见附录 B。)

注意：所有测试应该在具有静电防护的环境中进行。如何正确使用 IGBT 模块成品，可参见 4.3 节的静电预防措施。

4.1.5.2　元器件入库检测

模块装配中每个部件都要进行测试，并记录测试数据。IGBT 和 FRED 部件检验方法通用于所有类型的模块，可以按照（1）和（2）处理。对于其他部件的检验，大多数根据模块设计确定，下文将分别进行介绍。入库检测方法详见后

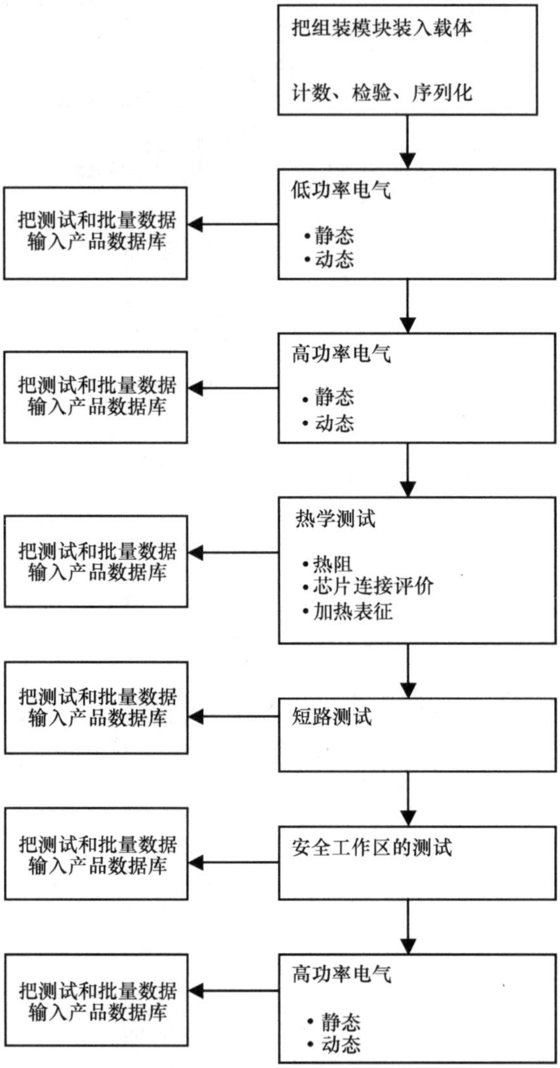

图 4.6　电气和热学测试顺序

文的表 4.16。

1. IGBT

从一批 IGBT 中随机选取样品，并根据电气规范在静态分析仪上进行测试。4.2 节讨论了根据某一规范的检验。抽样标准应保持 AQL 0.65 或更高的水平。对于 V_{CESAT}的测试应特别注意晶圆映射关系。MOSFET 并联时会趋于平均分配电流，而 IGBT 并联时趋向于电流不平衡。这是由温度对 V_{CESAT}（漏极 - 源极阈值电压）的负温度系数影响造成的。并联 IGBT 芯片的电流分配不均可能会导致过热和失效。为尽量减少电流的这种不平衡性，IGBT 并联时需要匹配 V_{CESAT}（漏极 - 源极阈值电压），还需要在成品模块中实现良好的热耦合，从而确保漏极 - 源极电压的一致。

每个 IGBT 晶圆都需要进行 V_{CESAT}的探测和映射，可由使用者或 IGBT 制造商来完成。因为 IGBT 制造商需要通过探测芯片来确定它们的规格，所以映射和数据记录最好由 IGBT 制造商来完成。一般认为 V_{CESAT}差异在 0.30V 以内的芯片可以一起使用。现阶段通常使用能够进行数据记录的部件/元器件自动测试仪，以及带有 Kelvin 探头的自动晶圆探针来进行 V_{CESAT}测试。装配时计算机程序将根据记录的数据，选择每个模块中要被并联使用的 IGBT。这种方法将确保近乎完美的匹配以及 IGBT 功率半导体芯片的最大利用率。因此晶圆图的准确性是十分重要的，必须被仔细检测。测试者在做晶圆映射时，数据记录可以通过与测试仪和晶圆探针相连的 IBM PC 的控制下完成。目前可以从许多测试设备制造商获得相关软件，如 National Instruments 的 LabView 软件或 Kinesys Software 的 wafer - map 软件。如果是模块生产者自己进行测试，其映射的结果需要仔细检查。

来自 Tektronix、Lorlin Test Systems、Tesec Inc.、FET/Test、Scientific Test、Hasper Technologies 和 ipTest Ltd. 的可编程测试仪均可用于 IGBT 探针测试。通过自动测试设备进行模块的电气测试是行业发展的趋势，同样的测试设备也可用作晶圆检测设备。当前常用的测试设备将在后续的电气测试章节中讨论。

自动晶圆检测设备可以 50000 ~ 100000 美元的价格从 Electroglas、Pacific Western 或 Wentworth 购得。单一的晶圆探针配合训练有素的操作员能够满足一般批量的 IGBT 测试要求，前面提到的晶圆探针制造商还提供各种晶圆检测设备，从半自动设备到带有光学识别系统的大容量全自动设备。

IGBT 晶圆非常薄且直径被限制在 6in 以下，具有 6in 晶圆测试能力的 Electroglas model 2000 系列自动晶圆探针可以满足常规的测试要求（译者注：IGBT 晶圆已经发展到 8in，正在向 12in 发展）。2000 系列设备可以自动装载晶圆，能够消除手工装载造成的损坏风险。装载晶圆和晶圆运输使用了同样的容器，系统还能够实现自动对准晶片。2000 系列设备的探头也有映射和数据收集的功能，并可以连接的网络，方便进行后续的 IGBT 排序。2000 系列设备所要的输入功率、空气和真空度分别是 3A、75 psi/2.3 scfm[⊖]和 23Hg/3 scfm，其占地面积是 $4ft^2$。

应当指出的是，近年使用的非穿通型 IGBT（NPT IGBT）在 $I_c = 10A$ 时 V_{CESAT}为 1.12 ~ 1.29V，可以在不需要精确匹配的情况下保证 IGBT 并联运行。

2. FRED

快恢复外延二极管芯片（FRED）主要由半导体制造商进行标准检测。测试数据可通过挑选 FRED 样品和测试 t_{rr}来验证，其静态参数可通过静态分析仪进行测试。

⊖ scfm，即标准立方英尺每分钟，为英制流量单位，$1N \cdot m^3/min = 35.315scfm$。

4.1.5.3 加工过程中的过程测试

如4.4节中的制造流程图所示，在每次高温回流焊和引线键合操作后，都需要对IGBT组件进行测试，以检测是否含有由以下原因造成的退化现象：

- 机械损伤；
- 静电放电；
- 污染物。

25℃时在额定规格下测试IGBT的关键参数是：

- I_{CES}；
- V_{CES}；
- I_{GES}；
- V_{GES}；
- V_{CESAT}；
- V_{GETH}。

手动或半自动探针台都可用于此项测试。这些测试将保证处于不同阶段的所有组件，在进行下一步装配前受到完全的检测。

4.1.5.4 成品模块的最终测试

装配后，功率模块要进行电气和热学测试。每个模块的所有测试数据都会被记录，以便于模块进行序列化。这些数据将最终显示在条形码或二维码上，标注在模块上（见附录B）。

1. 电气测试

电气测试包括静态测试（直流测试）、动态测试（交流开关测试）、短路测试和安全工作区测试（SOA）。功率模块的漏极、源极和漏极/源极端子都是可以连接的，每对并联的IGBT以及每对并联的FRED的特性可以被单独测试。还可以分开检测每对IGBT和每对FRED。当模块复杂性增加时，可添加其他测试来测试附加电路。

最初测试是低功率的静态测试，以此来验证元器件在装配过程中没有受到损坏，以及电气互连是否能按照设计连通。通常情况下，测量时间要明显长于被测器件的时间常数，也正是这项稳态测试的基本特征。失败的静态测试将被记录下来，并立即发送到进行加工的工段，方便采取纠正措施。静态测试也可用于验证由元器件（功率半导体芯片）制造商提供的测试结果，差异应报告给供应商。

静态测试之后是开关测试，用来确定和记录每个功率元器件和单元组件的开关速率，也能够分析由相邻元器件间的杂散电感。由于装配不应改变元器件的动态特性，因此功率模块在其初始版本的动态测试就能表明元器件的动态特性。这些测试结果也可用于预测模块在使用过程中的动态开关损耗。随着模块越来越复杂，动态测试也变得越来越重要。

经过低功率的静态和动态测试之后，模块将进行高功率的测试，以验证散热结构的完整性。在这些测试后，会进行短路和 SOA（安全工作区）测试，并伴有热分析测试，它们将用于确保每个模块的质量和可靠性。

静态和动态电气测试——电气测试至少包括在两个温度下的静态和动态测试，一般包含表 4.13 中所示的几种测试。

将在脉冲模式下进行的测试不会导致明显的功率耗散，以此来避免加热被测器件（DUT）。在最初的生产过程中，100% 的成品模块必须匹配散热器，并经过高功率测试。当积累的数据足以确保测试的相关性后，可在低功率的脉冲模式下挑选样品进行测试。

表 4.13 静态和动态测试参数

符号	参数	定义
静态		
I_{CES}	漏极 - 源极漏电流	I_C@ $V_{CE}=V_{CES}$，$V_{GE}=0$，栅极 - 发射极短路
I_{GES}	栅极 - 源极漏电流	I_G@ $V_{GES}=V_{GES}$，$V_{CE}=0$，集电极 - 发射极短路
V_{GESAT}	栅极 - 源极阈值电压	V_{GE}@ I_C为指定值，$V_{CE}=10V$
V_{CESAT}	漏极 - 源极阈值电压	V_{CE}@I_C为额定值，$V_{GE}=15V$
Q_G	总栅极电荷	栅极电荷 @ $V_{CC}-0.5\sim0.6$ $V_{CS}=I_C=$ 额定值，$V_{GE}=15V$
V_{FM} 动态	二极管正向电压	二极管电压 @I_C为额定值，$V_{GS}=0V$
C_{ies}	输入电容	漏源短接时的栅极 - 源极电容
C_{oes}	输出电容	栅源短接时的漏极 - 源极电容
C_{res}	反向传输电容	源极接地时的栅极 - 漏极电容
$I_{td(on)}$	导通延时时间	从栅源电压为 0V 到漏电流升到规定电流的 10% 时所经历的时间
t_r	上升时间	漏极电流从 10% 上升到 90% 所经历的时间
$I_{d(off)}$	关断延时时间	从当栅源电压下降到 90% 栅驱动电压时到漏电流降至规定电流的 90% 时所经历的时间
t_f	下降时间	漏极电流从 90% 下降到 10% 所经历的时间
t_{rr}	二极管反向恢复时间	在额定 I_C和规定的 di/dt 下，电流从 0 到进入完全截止状态所经历的时间
Q_{rr}	二极管反向恢复电荷	在额定 I_C和规定的 di/dt 下，电流从 0 到进入完全截止状态所释放的电荷

2. 短路测试

短路测试所使用的电源需要能在1200V下提供600A的电流。测试时应对电源进行调整，使得关断时由杂散电感引起的尖峰电压不超过IGBT的额定电压。功率测试引线的长度要尽可能缩短，以最大限度地减小关断尖峰电压。被测单元需要连接到散热器上，并于最后应用时所使用的散热器类似。正负母线分别连接上桥臂的IGBT漏极和下桥臂的IGBT源极，上桥臂IGBT保持开通状态，下IG-BT桥臂加载10μs的脉冲，并以0.1s为间隔重复十次这种脉冲。被测单元将再次进行电气和热阻测试来检测其性能是否退化。最初的生产中，对于所有单元都应进行短路测试。当热阻、电气和短路测试之间的相关性建立后，可以只在挑选出的样品上进行短路测试。

图4.7所示电路可用于短路测试。

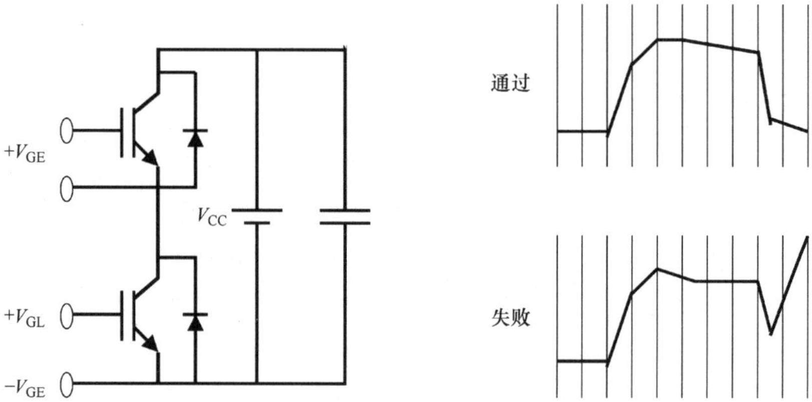

图4.7　短路测试

3. 安全工作区的电气测试[1-3]

由于内部结构的原因，带感性负载的IGBT关断时可能会出类似现晶闸管的闩锁效应，这种闩锁效应意味着栅极无法控制器件损耗且最终会损坏器件。SOA（安全工作区）测试的目的是确定IGBT元器件是否有会出现类似晶闸的闩锁效应。最初的生产中，SOA测试应当用于所有单元。当热阻、电气和SOA测试之间的相关性建立后，可以只在挑选出的样品上SOA测试。

图4.8所示的测试电路模拟了会导致闩锁效应的条件。由于短路测试和SOA测试都需要较大的电流和较低的杂散电感，因此每种测试仪的配置都要专门针对应用进行设计。

4.1.5.5　单独测试系统规范

选择测试系统时需要考虑很多问题，设计和开发工程师需要较好的匹配设备和产品的设计特性。设备必须兼顾快速性和准确性，并且能够收集测试数据进行

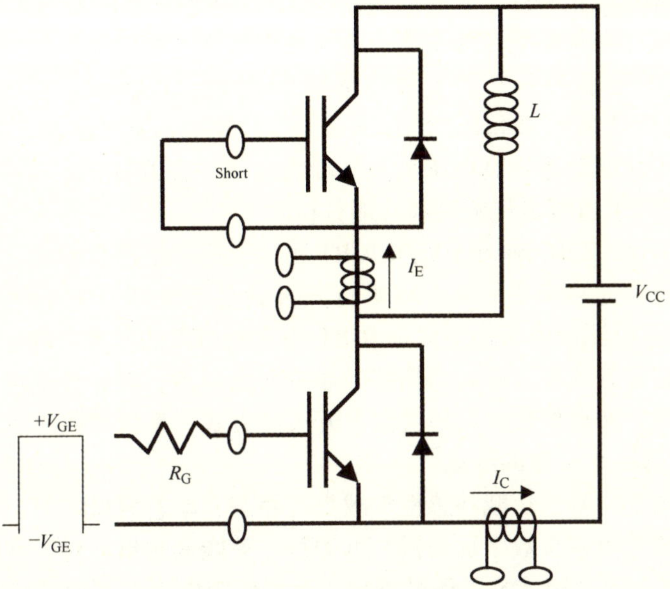

图 4.8　SOA 测试电路

统计分析。更重要的是，所选择的测试系统必须能跟随产品的发展，测试新的产品特征。测试系统在进行测试短路或测试带有缺陷的器件时，不会损害自身。在测试 IPM 等功率器件时，这是较为困难的。

具有开放式框架结构的测试系统不仅可以测试现有特征，并且具有灵活性，可以适应未来的测试要求。

目前市场上销售的测试仪可进行上述大多数测试。可编程测试仪可从以下厂商购得：

- Lorlin Test Systems，Natick，MA；
- Tesec，Inc.，Japan；
- Tektronix，Inc.，Beaverton，OR；
- ipTest，United Kingdom；
- Scientific Test，Inc.，Garland，TX；
- FET/Test，Morgan Hill，CA；
- Agilent Technologies，Palo Alto，CA。

Tektronix 的 371A 数字存储静态分析仪最具有灵活性，既能够进行晶圆探针测试，又能够测试成品模块（译者注：这款产品已经停产，市场上仍有返修品销售）。Tektronix 371A 是可输出高达 3000V 和 400A 的可编程静态分析仪，可在 2000V 时输出 20A，达到其峰值功率。高电压漏极模式可以测试 3000V IGBT 芯片或功率模块的截止特性。脉冲高电流模式可提供400A 的脉冲输出电流用于导通特性的测试。在扫描测量模式下，在对被测器件不明显加热的情况下，用低占空比的脉冲激励器件，自动生成一簇测试曲线。Tektronix 371A 的成本不到 $50000，包括电缆和 National Instruments 的 LabView 驱动程序。Tektronix 371A 的缺点是它不能同时进行高电压 - 大电流的测试，在 IPM 产品开发的初始阶段，应考虑采用 371A 进行电气测试和性能分析。

可使用 Lorlin Test Systems LEM IGBT 测试仪进行生产型测试。Lorlin LEM 测试系统可测试普通功率模块，也可进行升级满足更复杂 IPM 的测试需要。LEM IGBT 测试仪可以测量半桥模块以及 IGBT 和 MOSFET 的开关特性。

在半桥连接方式中，系统将模拟模块的初始应用，电流被设定为流过被测模块和感性负载。按照模块在具体应用中开关的方式，系统可同时测量一个桥臂的 IGBT 芯片及另一个桥臂的续流二极管。

该系统对于电阻性负载和感性负载都有静态和动态测量能力，也包括栅极特性的测量。该系统包含数字示波器，可进行开关能量测量，对于高功率器件精确度在 5% 以内。这个测试装置还可进行 2.5 倍额定电流下的短路特性测量和栅极电容特性测量。

Lorlin LEM 采用模块化设计，可选择配合电压模块和电流模块。电流有 250A 或 2500A，电压有 100V、1000V 或 5000V。

测试 IGBT 或 MOSFET 功率模块的典型测试系统有以下部分组成：

- Transistormeter TRds 0215 - 1020——用于 IGBT 器件的静态和动态测试：250A 和 1500V 用于感性负载，1000A 和 2000V 用于静态参数。该单元包括电源、发电机、感性负载、双栅极驱动器（±1 至 30V，50 ns t_r/t_f，0.5）、数字示波器、电压与电流测量系统和保护被测模块的输出保护单元。
- 控制单元——包括带以太网板的工业 PC、调制解调器、GPIB 总线、液晶显示屏、软盘驱动器和带轨迹球的键盘。
- 连接系统——连接到 IGBT 模块的动态测试要求较短的线路连接来降低杂散电感。该系统包括恒温加热的底板，可从室温调节至 200℃，并带有钉式适配板。同一模块中两组 IGBT 间的通信由测试仪控制，并通过低杂散电感的器件进行。每个 IGBT 模块都配有特定的门级驱动板，能够调节栅极电阻。

开关管的动态测量包括 t_{sv}、t_{si}、t_{rv}、E_{off}、$t_{d(on)}$、t_r、di/dt、I_{peak} 和 E_{on}。续流二极管的动态测量包括 I_{rr}、t_{rr}、Q_{rr} 和 E_{rec}。静态测量包括 I_{GES}、Q_G、$V_{GE(th)}$ 和 V_{FM}（二极管）。

Laurin 测试系统的成本为 275000 美元。

Tesec Corporation 也配置了一种可用于测试 IPM 的测试系统。Tesec 采用了受 PC 控制的开放式框架结构。他们的测试系统有四个组成部分：主机测试仪、测试台 A、外部测试仪（9424 – KT / B）和外部测试仪（3430 – SW）。

1. 主机测试仪

主机的模型是 881 – TT/A，能进行可编程数据的收集，并具有上传/下载和打印的功能。它在 Windows 98 系统下运行，并可使用多达 5 个测试头。具体见表 4. 14。

表 4. 14　881 – TT/A 规格

主 CPU	PC
操作系统	Windows 98
控制 CPU	68000
数据显示	4 位高速 A/D
多路复用器	5
电压	1000V（3000V 可选）
电流	20A（200A 可选）
测试计划	最多 250 次测试
归类计划	最多 250 次归类

2. 测试台 A

如果有需要，该测试台可以选配芯片探针。该测试台配备有 32 个可编程扫描引脚，以及可以进行大电流的适配器（200A），可以测试 IPM，可以允许多达 32 路（1200V/200A）的直流参数测试。

3. 外部测试仪（9424 – KT/B）

该测试器可进行热阻和热容的测试，并可与测试台 A 相接，进行通直流参数测试，程序与用于直流测试的程序相同。表 4. 15 列出了关于测试仪更详细的说明。

表 4. 15　9424 – KT 规格

测试编程	外部 PC
存储器	16 个测试程序
强制电压	1 ~ 200V
强制电流（I_E/I_{DS}）	0. 01 ~ 50A，0. 01 ~ 100A（ΔV_F）
感应电流 I_M	1 ~ 100mA，1 ~ 400mA（ΔV_F，ΔV_{CE}）
功率强制时间	300μs ~ 9. 99s
延迟时间	10 ~ 999μs
上限/下限	0 ~ 999. 9mV/0 ~ 9999mV
测量范围	ΔV_{CE}：0 ~ 9999mV
测试结果显示	ΔV_{CE}：0 ~ 9999mV，ΔV_{CE}：0 ~ 9999mV
判断显示	通过，低，高，错误，振荡，开路，短路
分类模式	4 种模式：通过，低，高，失效

4. 外部测试仪（3300 - SW）

该外部测试仪能够进行 t_{on}、t_{off}、t_r、E_{on}、E_{off}、I_{cc}、t_{rr}、I_{rr}、Q_{rr}、SC 和 UIS 的动态测试，能测试 MOSFET 和 IGBT。该部分仪器在现阶段不具有可编程扫描时的功能，用于次应用的功能正在被开发。

如前所述的 Tesec 系统价格约为 600000 美元。

4.1.5.6 功率半导体芯片的热阻测试

结温的升高会导致半导体器件过早老化和失效，热阻测试的目的在于评价 IGBT 和 FRED 芯片结与散热器间导热路径的完整性。热阻测试对于元器件连接性能的监控，以及评估新型装配技术都是非常必要的。本书关于功率半导体芯片的热阻测试的讨论包括测温原理、结温标定、热阻、焊接质量评价和加热特性。

1. 测温原理

半导体 pn 结具有可用于结温测量的特性，这些特性被称作温度敏感性系数（TSP）。大量实验表明在恒流条件下，正向偏置二极管的压降会随温度升高线性降低，约为 -1 ~ -3mV/℃，这个特性是测量结温的基础。续流二极管是 IGBT 模块的一部分，它的正向偏置结可以用来测量 IGBT 芯片的结温。

2. 结温标定

IGBT 芯片的标定在有稳定温度的测量底板上进行，并且只需要检测续流二极管的电流。一般使用较小的测试电流不会引起显著的结温升高结温，所以测量底板的温度可以等效为 IGBT 的结温。通过收集不同温度下的测量数据，可以绘制二极管结的电压与相应的结温的对应关系，并拟合成直线。

3. 热阻

为了测量稳态热阻，测量持续加热的器件结温是十分必要的。热阻用℃/W 表示，它的定义为器件到达稳态热平衡后，由功耗（用 W 表示）引起的结温（℃）与参考温度（℃）之间的差异。为评估功率模块，参考温度为测试用底板的温度。在测量结温的时候需要中断持续加热的电流，在之后的一小段时间内通过一个微小的测量电流进行结温测量，之后恢复加热电流。整个循环过程包括中断加热、施加测量电流、测量电压信号和恢复加热，循环周期在十分之一毫秒内进行。

4. 连接强度测试和加热特性

在瞬态条件下，热容体必须被考虑在内。在 IGBT 叠层的情况下，热产生于功率芯片，然后随时间变化逐步经过一次焊层、陶瓷衬底，二次焊层和金属底板。加热阶跃响应曲线将会揭示叠层结构中剖面图的热阻。例如，对于持续时间极短的脉冲，大部分热量甚至所有热量会被限制在芯片焊料层。测量结果将受到芯片焊接热阻的影响，因此可用于评估焊接质量。该方法通过与已知良好焊接的结果作比较，可作为一种快速生产筛选的方法，用于检测低质量的芯片焊接。同样，较长时间的持续加热脉冲可用于检查其他界面层。图 4.9 显示了多层结构的典型加热阶跃响应曲线。平台表示各层达到了热平衡，具体测试结果见第 5 章。

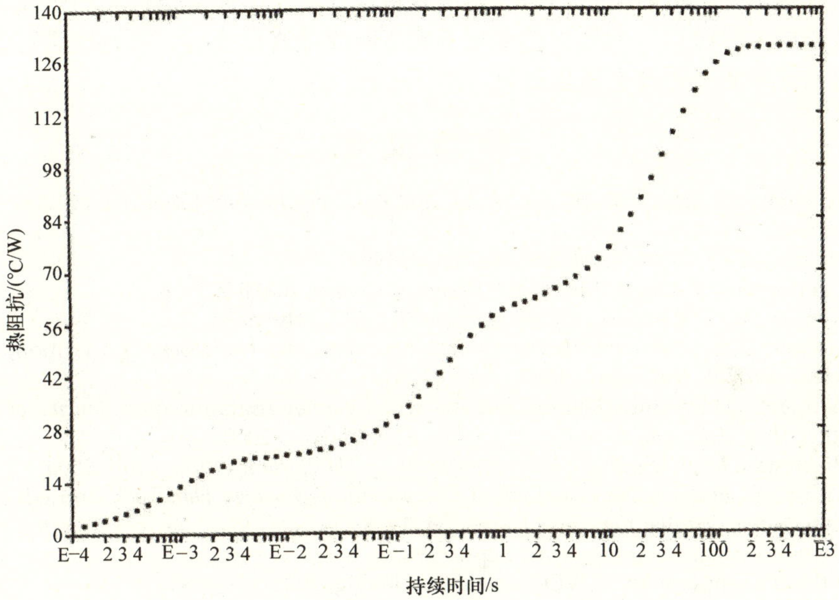

图 4.9　时间为对数形式的加热表征的案例

4.1.5.7　测试用工装治具

最初测试用工装治具为实验室型，只用到电源、数字示波器和热测试仪。功率连接为短母线型，把被测模块手工连接到母线上，信号也可以人工产生。在生产阶段，这些装置将得到升级并用于新产品开发。

生产时为满足所有模块测试的一致性需要，会设计一个能快速和自动插入模块的测试工作台，建议该测试用装卡方式能实现最大化的可重复性和测试灵活性。随着模块的发展，在不扰乱功率测试台和被测器件间临界电感的情况下，可加入一些必要的测试项目，测试顺序也要便于更改。工作台具有三个主功率端子和一组低电平信号连接器，并预留有未来使用光耦的空间。被测模块可以通过三个功率端子被固定到工作台上。

工作台应设计具有自动处理的功能，工作台和测试头的设计要方便模块的插入。该工作台中，一种机械强制单元将充当被测模块的散热器，强制单元也要包含加热/冷却装置和热电耦，确保在进行模块温度测试的同时，也能准确监测温度。

温度测试仪所使用的导线应与所需测试的电流匹配。

替代上述工作台的另一种方法是在弯曲功率端子前进行测试。此时采用主端子充当备用插头，模块底板充当工作台。测试头需要能够连接功率端子和信号端子。

这种测试方法对简单结构的功率模块是有效的，但测试头的结构可能会限制各种被测模块的设计。另外，功率端子被弯曲成最终形式后，要再次进行低功率测试以确保弯曲操作没有造成失效。

参考文献

1. Powerex, Inc., *Power Transistor Module and Accessory Product Guide*, 7th edition, 2000.
2. Hitachi, *IGBT Module Application Manual*, 1999.
3. International Rectifier, Inc., *IGBT Designer Manual*, IGBT-3, 1998.
4. Kenyon, W.G., Cleaning, *SMTs Pathways to SMT*, July 1999.
5. Harper, C.A., *Electronic Packaging and Interconnection Handbook*, 2nd edition, McGraw-Hill, New York, 1997.
6. Barber, S., Ultrasonic cleaning reduces wafer carrier contamination, *Journal of Advancing Applications in Contamination Control*, Nov. 2000.
7. Bixenman, M., Cleaning, *SMT Supplement — The Building Blocks*, July 2000.
8. Licari, J.L. and Enlow, L.R., *Hybrid Microcircuit Technology Handbook*, 2nd edition, Noyes Publishing, Park Ridge, NJ, 1998.
9. Kenyon, W.G., Cleaning, *SMT*, Sept. 1998.
10. Jetlight Company, Inc. UVO — cleaner, Catalog, 2001.
11. Guo, J. and Winter, G., Low pressure gas plasma for high volume cleaning, *Journal of Advancing Applications in Contamination Control*, May 2001.
12. Honig, S.A., Cleaning with CO_2 and dry ice particles, *Journal of Advancing Applications in Contamination Control*, Mar. 2002.
13. Kanegsberg, B. and Chawler, M., How clean is clean enough?, *Journal of Advancing Applications in Contamination Control*, Oct. 2000.
14. Koh, J., How clean is clean enough?, *SMT*, Oct 2000.
15. Hymes, L., Cleanliness assessment techniques, *Circuits Assembly*, Aug. 1999.
16. Munson, T., Cleanliness specifications, *Circuits Assembly*, June 2001.
17. McCray, K., A look at a few analysis tools, *HDI*, Mar. 2001.
18. Cox, N. and Schedtler, D., *Reflow Technology Handbook*, Research International, Inc. 4000-I-01-D, 2001.
19. Suganuma, H. and Tamanaha, A., Next generation reflow technology, *SMT*, Feb. 2001.
20. Niebling, R., Stehling, R., Nowotton, N., and Wittke, K., Reflow soldering *SMT*, Aug. 1998.
21. Therianlt, M., Blostein, P., and Rahn, A., Nitrogen and soldering, *SMT*, June 2000.
22. Markstein, H.W., Convection ovens optimize reflow soldering, *EPP*, Jan. 1997.
23. Durdaj, K., Optimizing performance in reflow soldering, *SMT Guide to Printing and Soldering*, Sept. 2000.
24. Schüetze, T., Berg, H., and Schilling, O., 6.5 KV IGBT module delivers reliable medium-voltage performance — Part 2: Packaging, *PCIM*, Sept. 2001.
25. Hwang, J.S., Soldering, *SMT Supplement*, July 1999.

26. Delott, C.R., Thermal process optimization and monitoring, *Circuit Assembly*, May 2000.
27. Felly, R. and Jones, G., Soldering application, *SMT*, Aug. 1999.
28. Hsiao, H., Lin, J.R., Chang, E.K., and Adams, S.M., Reduction of solder defects under nitrogen, *SMT*, Jan. 1998.
29. Prasad, R., Printing, *SMT Supplement*, July 1999.
30. Ness, C.O. and Lewis, A.R., Adhesive/epoxies and dispensing, *SMT Supplement*, July 1999.
31. Sauer, M. and Bergman, K., Rework and repair, *SMT Supplement*, July 1999.
32. Kuzawinski, M. and Wolf, E., Is flip chip attach ready to dethrone wire bond?, *HDI*, July 2000.
33. Klein, J., Bumped-wafer technology meets MOSFET challenge, *Electronic Products*, Sept. 2000.
34. Hill, C. and Otani, T., New package extends thermal capabilities of SO8 footprint, *Power Electronics Technology*, Nov. 2001.
35. Mannion, P., MOSFETS break out of the shackles of wirebonding, *Electronic Design*, Mar. 22, 1999.
36. McCray, K., Chips and DIP, *HDI*, Nov. 2000.
37. Schake, J.D. and Whitmore, M.A., Automated wafer bumping with stencil printing, part 1, *HDI*, Apr. 2000.
38. Huang, B. and Lee, N-C., Solder paste reflow for area array bumping, *HDI*, Sept. 2000.
39. Graham, S., The future of solder bumps, *Global Semiconductor*, 2000.
40. Rogove, B. and Eisenach, B., Stress reduction on flip-chip devices, *Circuits Assembly*, May 1999.
41. Adamson, S.J., Underfill design and process consideration, *SMT*, Aug. 2000.
42. Becker, K-F. and Adams, T., Qualifying flip-chip underfills, *Semiconductor International*, Apr. 2000.
43. Crum, S., Flip chip underfill process speeds up, *EPP*, Sept. 1998.
44. Carbin, J.W., Better flip chip underfill throughput, *SMT*, Jan. 1999.
45. Carson, G., Encapsulates for board-level assembly, *Circuits Assembly*, Apr. 2001.
46. Becker, K-F., Kallmayer, C., and Adams, T., Evaluation of no-flow flip chip underflow materials, *HDI*, June 2001.

4.2 工艺控制与可靠性

4.2.1 工艺控制

工艺控制是指预先在整条装配线上设定多个检测点，用于监测整个过程[1,2]，这些控制方法已经在工程应用中逐渐成熟。4.4 节的流程图显示了可能设定的检测点位。建立监测程序时，要参考 Mil - Std. 883、105、J - STD - 001 和 IPC - A - 610 Class 2 的规定。由于监测是在样品基础上进行的，其统计数据可以在生产过程中提供动态反馈。过程中数据是实时显示的，如果有任何异常都需要进行失效分析、返修、甚至工艺调整。工艺控制的目标是把使用先进手段使过程检测与统计工艺控制结合起来，通过闭环方法建立零缺陷生产线。

4.2.2 测试设备

测试和测量对于收集数据非常重要，需要既精确又范围广，推荐集中使用最先进的技术手段。要持续引入新型高性能的工具，如高倍视野显微镜、二维 X 射线检测仪等，来代替或弥补传统工具的短板。最新工具包含以下几种：

- 三维 X 射线[3,4]或分层成像；
- 扫描声学显微镜（SAM）[5]；
- 光学剖面测量——目视或远红外；
- 热声成像——红外和声学技术的结合；
- 深视图激光扫描显微镜。

这些工具足以提供大量宏观信息及焊点的微观结构等微观信息，可以提高成品率，同时焊点的微观结构等微观信息也同样重要。过多金属间化合物的形成会促进裂纹的产生和扩展，降低焊点强度，不利于焊点的长期可靠性。因此成熟的技术，如三维 X 射线和扫描电镜等尖端分析工具，可以在没有进行任何寿命测试的情况下，提供关于长期可靠性的信息。

另外两个工具是温度、电气参数分布云图和温度 - 机械性能表征。温度、电气参数分布云图也就是对 IGBT 芯片结温 T_j的分布，可识别出短路情况下具有破坏性的“热点”。红外热像图和液晶温度热像图获得电热图谱是两种最常用技术[6]。芯片的热测试方法也变得越来越重要，但多用于产品的初步鉴定。虽然扫描热显微镜和热致变形激光的方法大多仅限于实验室的研究测试中，但温度 - 机械性能表征将提供有关翘曲和热应力分布的有用信息，可以促进长期可靠性。

4.2.2.1 温度、电气参数分布云图或红外热像图

温度、电气参数分布云图或红外热像图是一种用于提高成品率的非破坏性在线测试方法。红外热像图基于红外热成像技术，能快速简便地对封装前的电子器件进行检测。模块工作时自身会发热，被称为温度标注，该标注可用数字红外摄像机捕获。空洞、裂纹、开口等任何缺陷都会改变模块的良好标注，红外热像图能及时发现模块的缺陷，可以在不报废的情况下进行返工和返修。而液晶温度热像图也是十分有效的，但是有破坏性，需要用液晶薄膜敷在待测表面上（芯片、陶瓷衬底、底板和端子）。当对模块供电时，液晶会通过颜色改变来反映温度的升高。

4.2.2.2 温度 - 机械性能表征

温度 - 机械性能表征是一种无损测量的方法，可以测量模块在温度循环下的可靠性，能够在不进行长期寿命测试的情况下提供有用的信息。IGBT 芯片/焊料/陶瓷衬底和陶瓷衬底/焊料/金属底板等封装材料间的 CTE（热膨胀系数）不匹

配，会在生产过程的温度变化中引起显著的变形和应力。这种热致形变或翘曲有可能导致机械损伤，表现为裂纹、裂缝或脱层。其中一些损伤会在制造过程中或过程后显现，而另一些则是潜在缺陷，直到应用时才表现出来。一旦存在缺陷，模块的可靠性会急剧下降。

由于不同温度下形变或翘曲的程度和分布的表征能够预测模块在温度循环下的可靠性，因此通过测量翘曲的程度、位置和类型，基本可以确定缺陷发生的区域。

其中形变分布可通过以下方法实现无损测量：

- 用轮廓仪测量来绘制各点的位移；
- 使用光学剖面测量方法，如：
  — 非接触式光学阴影云纹干涉[7]；
  — 远红外干涉[8]。

通过一系列的初始相关性测试来获得具体测试时合适位移范围。

4.2.3　过程检测

过程检测有三个阶段：

- 入库检测——按规要求检测所有入库材料（在一些公司里，可通过供应商获得部分信息）；
- 短时检测（瞬时失效）——监测制造过程以识别废品，作为制造过程产量损失的一种控制机制；
- 长时检测（长时可靠性）——监测有长期影响的参数，以确保长期可靠性。

注意：需要关注所有检测和测试系统的精度，要求它们的精度比被测变量的误差高 3 倍。这些检测和测试系统还要根据美国国家标准和技术研究所（NIST）的基准进行定期校准。

4.2.3.1　IGBT 和 FRED 芯片目测标准的部分列表

- **抽样等级**——AOL 水平：0.65，I 级，正常检测
- **拒收标准**：
  — 互连金属化层中存在划痕或空洞，使导通部分降低了 50%；
  — 在金属化层的接触切口处有划痕或空洞，超过 50% 互连金属化层的接触部分被该缺陷隔离；
  — 在氧化步骤中或氧化步骤后，任意划痕或空洞使导通部分的宽度减小，小于其最小宽度的 75%；
  — 有呈现桥接金属化缺陷的器件，使得任意两个金属带间的距离减小，小于设计间距的 25%；

— 被刻划的芯片，使得互连金属化层图样与芯片边缘之间 0.5mil 宽的 SiO_2不能显现；

— 硅芯片中有超过 1mil 长、3mm 深且朝向有源区、金属化层或键合点的裂纹，或在有源电路区和金属化区存在裂纹的器件；

— 在表面金属化层的顶部或底部存在变色或污点（Al 和 Ti/Ng/Ag）；

— 除键合用焊盘外的部分，聚酰亚胺或其他钝化层应覆盖在 IGBT 上表面，如果该层中具有空洞或开口，且其尺寸大于 10 × 10mil 时芯片失效；

— 键合用焊盘的金属化层的缺失部分超过 20%。

以下是一些监测设备的供应商名单：

- 具有背向散射和电子分散功能的扫描电子显微镜：

— RJ Lee Instruments Ltd.；

— Princeton Gamma – Tech，Inc.。

- 热成像测试仪：

— Thermascan，Inc.；

— FLIR Systems；

— Image Therm Engineering，Inc.；

— Thermographic Measurements Co.，Inc.；

— CMC Electronics；

— Advanced Thermal Solutions，Inc.（使用液晶）；

— Advanced Research Technologies；

— Cedip Infrared Systems。

- 具有视频显示器的高倍三维图像：

— Leica Microsystems；

— Nikon Instruments；

— Malcom Instruments Corp.；

— Hi – Scope Systems Co.；

— Mitutoyo America Corp.；

—Zeiss。

- 焊料浸润性和黏性测试仪：

— Malcom Instruments Corp.；

— AST Products（接触角系统）。

- 三维 X 射线系统：

— Agilent Technologies；

— FeinFocus;
— Phoenix X – ray。
• 扫描声学显微镜:
— Sonix, Inc. ;
— Sonoscan, Inc. ;
— Honda Electronics Co. , Ltd. 。
• 热声成像仪:
— ThermoSonix, Inc. （红外成像与超声能量相结合）;
— Indigo Systems。
• 翘曲测试仪/轮廓仪:
— AkroMetrix;
— Vecco;
— Fisba Optik;
— Taylor Hobson Ltd. ;
— Ambios Technology;
— MTI Instruments;
— KLA——Tencor。
• 键合线拉力测试仪:
— Dage Precision Instruments;
— Royce Instruments;
— Unitek Equipment。
• 晶圆和芯片探针台:
— Signatone;
— Cascade Microtech;
— Micromanipulator。
• 镀层厚度（X 射线荧光技术）:
— Vecco;
— Fischer Technology。

4.2.3.2　过程统计控制

过程统计控制的目的是控制容易引起变化的参数，电力行业的通常做法是在检测样品基础上进行通过与否的判断和变量控制。样品应当是从被检批次中随机选取的代表组。抽样的关键点是:

• 随机选取;
• 抽样计划。

1. 随机选取

良好的随机性能确保所选样品可代表整个批次，选取时为每个产品分配一个编号，再根据随机数表来选取随机样品。

表 4.16　入库检测

材料	检测	设备/技术
衬底[a] （金属化陶瓷，金属底板）	尺寸（有公差） 毛刺（≤ 2mil） 翘曲 表面粗糙度： 隆起 裂纹 划痕 凹槽 毛刺 含量（纯度） 镀层（厚度、外观、牢固性、焊料可焊性、引线可焊性）	带有显示器和比例尺的高倍三维图像 轮廓曲线仪，狭缝规测试 光学剖面测量 高倍三维图像，染料测试 高倍三维图像，染料测试 高倍三维图像，染料测试 高倍三维图像，染料测试 高倍三维图像，染料测试 发射光谱 视觉（10 ~ 30 ×）立体变倍 X 射线荧光 起泡测试（300℃下 10min 的 H_2） 浸润测试；12mil 铝引线的 2.5 N 拉力测试
芯片（IGBT，FRED）	目测裂纹（≤ 1.0mil） 电气（见图 4.5） 镀层（顶部，底部）	带有显示器和比例尺的高倍三维图像 手动探针台 视觉检测（10 ~ 30 ×），键合线拉力测试，焊料浸润测试
塑料管壳和端盖[a]	尺寸（有公差） 毛刺（≤ 2mil） 芯片、裂纹、断裂 表面外观 粗糙度 Rz≤12.5nm 颜色均匀 脱色、污点	带有显示器和比例尺的高倍三维图像
端子[a]	尺寸（有公差） 毛刺、突起（≤ 2mil） 缺口 划痕 凹槽 深孔 镀层（厚度、外观、牢固性，可焊性）	带有显示器和比例尺的高倍三维图像 视觉（10 ~ 30 ×）立体变倍 X 射线荧光、胶带测试、浸润测试

注：具体细节见第 5 章。

表 4.17 短时检测

参数	位点	检测	设备/技术
焊料	回流焊前（在线自动检测或离线抽样）	均匀性 厚度 位置	带有视频显示器的高倍三维图像
		胶粘	胶粘测试仪
	回流焊后	光滑度① 均匀性（块度） 连续性	带有视频显示器的高倍三维图像
		裂纹 范围	三维 X 射线，SAM（Mil－883C）
		浸润性②	浸润性测试仪
芯片/陶瓷/金属底板连接	回流焊前/后	布局 粗大裂纹	带有视频显示器的高倍三维图像
	回流焊后	空洞（< 10%） 细小裂纹 开口 短缺 分层 裂纹 裂缝	SAM 或三维 X 射线③ 或热声 染料渗透测试[6]（Zyglo 测试）
引线键合互连	引线键合互连后	裂纹、断裂、开口、短缺	三维 X 射线
		拉力测试	引线拉力测试仪 12mil 的铝线需要通过 2.5 N 拉力测试
		键合点尺寸/形状	高倍三维图像
模组的翘曲	引线键合互连后	弯	光学阴影[7,8]
		扭	云纹[7,8]
		翘曲（底板翘曲 ≥ 75μm，不平，轻微上凹；要能在平面上自由旋转）	轮廓曲线仪

① 无铅焊点比含铅焊点更暗，更有颗粒感。

② Sn/Pb 的浸润角是 17°，Sn/Ag 浸润角是 36°。

③ 重复 X 射线检测可能会损坏功率芯片，如果该情况发生，可增加样品和管焦点间的距离，也可增加 100μm 厚的锌箔来过滤。

表 4.18　长时检测

参数	位点	检测	设备/技术
芯片/衬底连接	回流焊后	细小裂纹 分层	SAM 或三维 X 射线或热声
焊点微观结构[11]	回流焊后	金属间化合物 晶粒尺寸 裂纹 应力/应变 空洞	具有背向散射和电子分散功能的 SEM 三维 X 射线 云纹干涉 SAM
热像图[6,12]（热图谱热特征）	引线键合互连后	热点	红外或液晶热成像测试仪
表面状况	引线键合互连后	芯片表面的污染物——Cl、P、Na、K 残留的钝化层	能量色散 X 射线分析 俄歇电子 FTIR

2. 抽样计划

它包括样品容量和接受（或拒收）标准。样品容量是 AQL，一般是可接受控制级别和执行所需成本间的折中。Mil－Std－105D 中明确的，AQL 是每一百个单位中缺陷的最大数目。除非有其他规定，0.65 的 AQL 值对于大多数生产环境来说是可接受的。实际样品容量可根据 Mil－Std－105D 的表确定。例如，对于 1～500 的批次容量，样品容量和 AQL 之间的关系见表 4.19。

表 4.19　AQL 与样品容量

AQL（1 级，正常检测）	样品容量
0.10	125
0.25	50
0.65	20
1.0	13
1.5	8

接受（或拒收）标准取决于被监测的参数。如果要监测所有的参数是十分困难的，并且成本很高，因此表 4.16～表 4.18 列出了要被监测的关键参数。

以下准则有助于选择需要监控的参数：

- 与产品质量直接相关；
- 测量方便；
- 包含较多的信息量；
- 测量方式的多样性；
- 选择与 Pareto 图相关的参数，便于显示各种缺陷的出现频率。

4.4 节的流程图显示了在生产中常用监测参数。以下是这些参数及它们的接受标准：

- 入库检测：
  — 衬底翘曲（最大 5mil）；
  — IGBT/FRED 上的裂纹（最大 1mil 长，3μm 深）。
- 回流前：
  — 焊料完整性（均匀性、厚度、覆盖率）；
  — 芯片/衬底布局（准确性）。
- 回流后：
  — 焊料覆盖率和空洞（最大单个空洞：芯片面积的 5%；总空洞：芯片面积的 10%）；
  — 引线键合互连的完整性（拉力试验：12mil 的 Al 线最少通过 2.5N 测试，键合点尺寸：$1.2d<$宽度$<2.5d$；$1.5d<$长度$<5.0d$，其中 d 为引线直径）；
  — 在线电气测试：（I_{CES}、V_{CES}、I_{GES}、V_{GES} \ V_{GETH}）；
  — 组件翘曲率：（底板向散热器测凸出 >75μm）。

检测和工艺控制必须基于从数据获得的事实[13]，数据来自物理测量、计数或号码等不需测量的信息。这些数据必须是实时的，且在处理后要立即收集在一起，使用监测用控制流程图表便于记录和显示采集的数据。六种基本监测用控制流程图表见表 4.20。

表 4.20　基本监测用控制流程图表和应用

图	应用
X——显示一系列测量结果的平均变化	工艺控制（休哈特）
R——显示一系列测量结果范围的变化	
C——显示缺陷数量的变化	抽样和最终检验
U——显示每个单元缺陷数量的变化	
P——显示废品率的变化	
Np——显示缺陷单元数量的变化	

监测用控制流程图表包括控制界限和规格界限：控制界限是变化量的边界，规格界限是施加到参数的外部边界。控制界限通常是指从中心线开始到 $\pm 3\sigma$ 处。控制图用于检测变化量。如果一种操作的监测用控制流程图表有以下特征，那么它将是稳定且可重复的：

- 点随机分布在控制界限以内；
- 大多数点在中心线附近；
- 控制界限外没有点。

另一方面，不稳定的操作的特征如下：

- 有多个点在控制界限外；
- 大量连续点出现在中心线的一侧；

- 一长串点单调上升或下降；
- 有周期性；
- 没有点在中心线附近；
- 没有点在控制界限附近；
- 图中没有点的聚集区。

工序能力指数 C_{pk} 被定义为 $\dfrac{规格边界-\bar{\chi}}{控制边界（3\sigma）}$

一般来说易控制操作的 C_{pk} 值为 1.33 或更高。

所有失控的操作都应该立即进行过程分析，包括因果分析图，Pareto 图和纠正措施。

许多统计分析软件程序可用于显示和分析这些数据。例如 Poly Software International（PSI）公司的 Prostat。

其他几种工艺监测用控制流程图表对监测特定情况比较有效：

- **移动平均（$\bar{\chi}$）图**——对监控回流焊等逐渐变化的过程很有效；
- **累计图表（CUSUM）**——对监控变化小或变化时有指示的过程很有效；
- **指数权重滑动平均图（EWMA）**——对预测漂移过程值很有效，主要用于预防模式以防止过程出错。

另一种统计工具是日益普及的“6σ（六西格玛）”方法，六西格玛统计表系统通过对部件和工艺水平测量、分析、改进和控制变化量来确保产品质量。

在六西格玛统计表系统中，缺陷数目用百万分率（ppm）表示。见表 4.21。

表 4.21　缺陷数目与 σ 水平

水平（σ）	缺陷（ppm）
2	308733
3	66803
4	6200
5	233
6	3.4

正如前面提到的，6σ 实施过程有四个关键步骤：

- **测量**——确定影响“关键质量”特性的关键内部过程。当可以发现或测量影响质量的缺陷时，该阶段完成；
- **分析**——分析产生缺陷的根本原因，使用统计工具来确定最有可能产生影响的关键变量；
- **改进**——证实结果，量化这些变量对“关键质量”特性产生的影响；
- **控制**——监测并确保关键变量在可接受范围内。

最近经常提到的统计参数是每百万件缺陷率（Defects Per Million Opportunities，DPMO），主要用于测量印制电路板组件的生产率。

4.2.4　长期可靠性

为保证长期可靠性，产品不应只在制造过程中被检测，还必须进行可靠性设计（DFR）[14]。

可靠性设计包括以下步骤：

- 良好的设计实践；
- 可靠的项目策划；
- 零部件缓慢失效；
- 热分析；
- 部件磨损；
- 失效模式与影响分析（Failure Modes and Eeffects Analysis，FMEA）；
- 故障树分析；
- 实用性和系统建模；
- 高加速寿命测试（HALT），高加速应力筛选（HASS）；
- 设计验证测试；
- 产品收益率分析；
- 失效报告和纠正措施（Failure Reporting and Correctire Action，FRACA）；
- 失效根本原因分析；
- 内部过程共享与检测。

根据 6σ 理论，应该在最初设计阶段就强调长期可靠性，通过 HALT 建立，通过 HASS 维持，通过失效分析改进，最后采用纠正措施。

在现实中，产品不仅要为了可靠性而设计，还必须为了可制造性、可测量性和市场占有率来设计。换言之，产品必须并行设计。

长期可靠性的三个关键因素是：

- 设计实践规范；
- HALT 和 HASS；
- 失效分析。

4.2.4.1　设计实践规范

模块必须通过设计实践规范过程，才能提高性能和可靠性。需要首先识别和处理所有影响寿命的因素，模块的寿命主要由以下两点决定：

- 电气/力学磨损；
- 电气老化。

电气/力学磨损包括温度循环、冲击和振动、开关瞬态等方式。

电老化是电化学过程产生的结果，如腐蚀、形成金属间化合物、电迁移等。

这些过程通常遵循 Arrhenius 的化学反应关系[15]：

$$R_{\mathrm{T}}=R_{\mathrm{o}}\mathrm{e}^{-E_{\mathrm{a}}/kT}$$

腐蚀等化学反应的活化能 E_{a}通常是 1.0eV。在此条件下，温度每升高 9℃，反应或老化速率将增加一倍，也就是说寿命将减半。因此应尽可能降低反应速率、R_{T}和磨损情况。

这可通过设计实践规范来实现，具体如下：

- 降低热耗散——使用第四代（或最新）IGBT；
- 提高器件耐用性——使用 NPT 结构的 IGBT；
- 改善热耦合——使用具有良好导热性的焊料、绝缘衬底和金属底板；
- 降低散热器温度——使用风冷或水冷系统；
- 降低反应速率——使用高纯度硅基敷形涂层或聚对二甲苯涂层与环氧树脂保护芯片；
- 减少力学磨损——使用热膨胀系数匹配的材料以降低应力；
- 避免电迁移——在 $10^6\mathrm{A/cm^2}$的电流密度内操作；
- 减少芯片击穿——在芯片的最大额定值内，且降额至 85% 使用；
- 减少金属间化合物的形成——使用相容的金属，如铝引线配铝金属化层，使用合适的焊料并优化回流温度曲线；
- 减少铝线的失效——在指定结温下运行，优化键合工艺；
- 抑制电压过冲——减少杂散电感。

4.2.4.2 HALT 和 HASS

HALT 和 HASS 是基于对数式时间压缩方法的测试，将施加高于产品设计运行限制的应力[14,15,17,18]。

- **HALT（高加速寿命测试）**——在设计和工程应用阶段，通过一系列应力、故障、排除来建立产品的失效界限和损坏界限；
- **HASS（高加速应力筛选）**——触发和筛选出产品的失效隐患，可应用在制造和销售过程中。

HALT 在 HASS 之前进行。HALT 一般在设计阶段进行，以建立产品的失效界限和损坏界限。

HALT 包括以下几步：

- 施加阶段环境应力（例如，温度循环从 0℃开始每阶段 ±10℃直至 70℃，振动从 0G 开始每阶段增加 5G，湿度从 30% 开始每阶段增加 5% 和 1.2 个大气压，或是其他组合，模块施加或不加功率）直到产品出现故障；
- 分析、改变和排除故障（这可能涉及到材料、工艺和设备的改变）；
- 施加阶段应力直到产品再次出现故障；
- 再次分析、改变和排除故障；

- 重复应力/故障/排除过程；
- 建立产品的失效和损坏界限（失效界限是指产品不能正常工作的界限；损坏界限是指产品会损坏的界限）。

HASS 在生产阶段进行，其测试极限从 HALT 数据中选择。在最初生产阶段，对于所有产品都要进行 HASS 测试，在以后的生产阶段变为每月一次，这时它就成为高加速应力抽检筛选（HASA）。HASS 包括以下几步：

- 预筛选以找出潜在缺陷；
- 探测筛选以找出明显缺陷；
- 失效分析；
- 改进措施。

HALT 和 HASS 测试可找出产品的潜在缺陷，防止在用户使用过程中出现失效。因此，HALT 和 HASS 测试可显著提高产品可靠性。

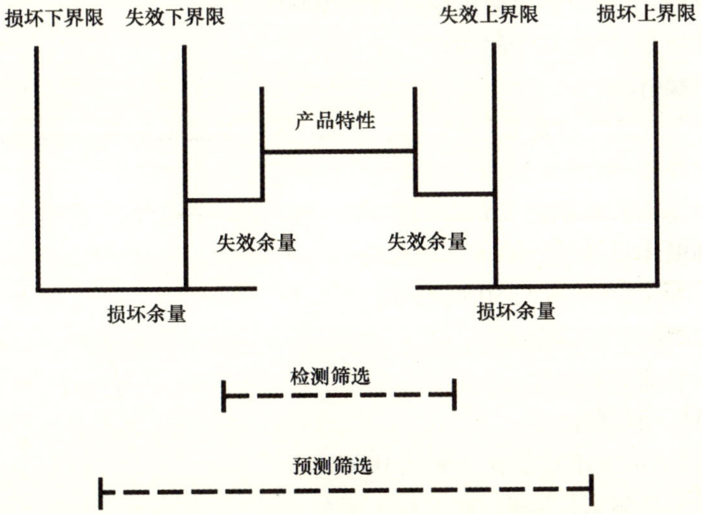

图 4.10　HALT 和高加速应力筛选限制

预测筛选和检测筛选的高加速应力筛选限制需要仔细设计，不能定义在失效界限和损坏界限的尾部。换句话说，这些界限代表了在不削弱产品性能的情况下能承受的最高应力，界限的选择是一个互动循环的过程。需要对样品组筛选 10 次，才能测试这些界限是否有效。如果没有发现缺陷或者有过多的失效，界限需要重新设置。

HASS 的有效信息主要包括温度循环测试和振动测试，例如预测筛选使用从 -65 ~ 165℃的 5 次循环，之后的检测筛选使用从 -50 ~ 150℃的 5 次循环，两次筛选都需要同时加载 10G 的振动。（以上方法只能作为例证，并不适合用于实际筛选。）

以下是一些高加速寿命测试/高加速应力筛选系统的供应商：

- Environmental Screening Technology；
- Envirotronics；
- Thermotion Industries；
- ESPEC。

4.2.4.3 寿命测试

进行过 HALT/HASS 后，功率模块还要通过以下的寿命测试[15,16,19]：

- 高温反偏测试（HTRB）：
  — 输出；
  — 125℃下加载额定电压测试 1000h。
- 高温栅偏测试（HTGB）：
  — 输入；
  — 125℃下加载额定栅极偏压测试 1000h。
- 螺钉扭矩/快接端子耐用性
  — 主螺钉输出；
  — 2 倍额定扭矩测试 336h（对于 M5 螺丝加载 1.96N · m，对于 M6 螺钉加载 2.94N · m）；
  — 快接端子耐用性：25 次重复插拔、插入力——4.5kg、拔出力——4.5kg。
- 温度循环：
  — -40 ~ 125℃进行 50 次循环；
  — 30min 升温/停留；
  — 2h 的循环时间。
- 耐温性/耐湿性：
  — 60℃/90% 相对湿度下测试 1000h。
- 高温储存测试：
  — 125℃下测试 1000h。
- 低温储存测试：
  — -40℃下测试 1000h。
- 功率循环——环境与功率相结合的测试：
  — 通电时加载额定电流；
  — 断电时加载额定电压；
  — -40 ~ 90℃及 90% ~ 95% 的相对湿度；
  — 每 8h 循环一次；
  — 总共 125 次循环。
- 机械冲击（移动设备）：

— 在 X、Y 和 Z 方向上 500G 进行 1ms（三次）；
—（或在 X、Y 和 Z 方向上 20G 进行 20ms）。

- 机械震动（移动设备）：

— 在 X、Y 和 Z 方向上 10G 进行 6h；
— 频率——100 Hz ~ 2kHz；
—扫描时间——每次 20min。

- 塑料箱应力测试：

— 安装模块；
— 每面施加 50lb 的力。

表 4. 22 列出了通过这些测试探测出的缺陷。表 4. 23 列出了在寿命测试前后被检测的关键参数规格界限的可接受变化。

表 4. 22　测试与可检测出的缺陷

测试	可检测到的缺陷
高温反偏测试（HTRB）	由于异物、极性、离子污染物干扰电场终端结构导致击穿特性退化 表面和金属化层缺陷 引线键合引起的缺陷
高温栅偏测试（HTGB）	局部厚度变化引起栅极氧化物的破坏 氧化物中的颗粒引起的缺陷 氧化物中离子移动引起的沟道反转 引线键合引起的缺陷
温度循环测试（热冲击）	芯片/陶瓷衬底，端子/陶瓷衬底和陶瓷衬底/金属底板界面由于加热和冷却引起的热疲劳，导致性能退化 引线键合和焊料的疲劳 热冲击（冷热之间的快速变化）可更有效地预测键合线的疲劳；温度循环（较慢循环）更多地预测焊料的疲劳
湿度测试	水汽渗透引起漏电参数退化 腐蚀和化学反应引起的缺陷
功率循环测试	芯片/陶瓷衬底，端子/陶瓷衬底和陶瓷衬底/金属底板界面由于加热和冷却引起的热疲劳，导致性能退化
机械冲击/震动测试	部件松动 磨损 焊点 疲劳/引线键合缺陷——弯曲，裂纹 芯片连接缺陷 机械故障
高、低温存储测试	接触缺陷 水汽侵入 氧化 金属化缺陷 热老化 物理变化 引线键合缺陷——金属间化合物、Kirkendall 空洞

表 4.23　寿命测试后参数检测

参数	可接受的特性变化限制（%）
I_{GE}	无变化
V_{ISO}	无变化
V_{GETH}	±20
V_{CESAT}	+20
I_{CES}	+20
V_F	+20

失效率

反应的失效率通常遵循 Arrhenius 方程[22]：

$$F = A\exp(-E_a/kT) \tag{4.1}$$

式中

F 为失效率；

A 为常量；

E_a 为活化能，单位为 eV（0.7~1.3eV）；

k 为玻尔兹曼常数（8.6×10^{-5}eV/K）；

T 为绝对温度，单位为 K。

鉴于寿命测试是在升温过程中进行的，所以加速因子 a 可被定义为

$$a = \frac{F_a}{k}\left(\frac{1}{T_N} - \frac{1}{T_L}\right) \tag{4.2}$$

式中

T_N为正常工作温度；

T_L为寿命测试温度。

如果 n 个模块在温度 T_L下进行 t 小时的寿命测试，等效于正常工作温度下的总器件时间，T_N为 ant，而且如果有 x 个单元在寿命测试中出现失效，T_R下的失效率就是 x/ant。

这通常用每千小时的失效率（%/1000h）或 FIT 来表示，其中 FIT 为 1 次失效/10^9h。

置信因子 C 也必须用于这种估算中。寿命测试的置信水平越高，则故障率就越高，失效率为

$$Cx/\text{ant} \tag{4.3}$$

通常情况下置信下限为 90%，这意味着失效率会比公式（4.3）给出的低一些。表 4.24 显示了置信下限为 90% 的置信因子。

表 4.24　90%置信下限情况下的置信因子

X	C
0	2.3
1	3.9
2	5.3
3	6.7
4	8.0

对于工业应用，可接受的失效率是正常工作温度下 100FIT。更多细节可从以下文件中获得：

- Mil－S－19500；
- Mil－M－38510；
- Mil－Std－883C；
- Mil－Std. 202；
- Mil－HDBK－217E。

4.2.4.4　失效分析[15,16]

失效分析是生产过程的重要组成部分，必须定期进行。它也是可靠性工程应用的一个组成部分，失效分析的重要特征是：

- 发现问题
- 确立合适的技术和仪器来分析可能的原因：
  — 研究参数的输入和工艺控制数据；
  — 目测（机械损伤，其他外部缺陷）；
  — 使用 X 射线成像—穿透性测试（引线键合互连失效，芯片开裂，焊料分层/短路）；
  — 使用探针进行电气测试；
  — 去掉壳体和端盖。如有必要，去除环氧树脂或有机硅涂层（例如，采用 Dynasolve 溶剂等化学方法）；
  — 使用带视频显示的三维可视仪（开路/短路、腐蚀、电迁移、污点、静电放电）；
  — 光学法检查轮廓（过度翘曲）；
  — 使用红外显微镜（热点、空洞引起的失效或热致失效）；
  — 使用声学扫描显微镜（C－SAM）（焊料缺陷、芯片/衬底开裂）；
  — 做染料渗透试验（裂纹）。
- 根据响应速度来确定根本原因：
  — 与制造有关；
  — 与部件供应商有关；

— 与使用者有关；
- 试运行验证所提出的改进措施；
- 制造时实行改进措施；
- 确定改进措施；
- 整理所有报告；
- 发现问题的 10 天内完成最终报告（目标）。

表 4.25～表 4.27 列举了功率模块中常见的失效原因。值得一提的是，Ultra Tec 公司能提供精密锯切、横向切片和去除灌封胶等用于失效分析的常用设备。

表 4.25 与制造商有关的常见失效问题

原因	失效种类
材料问题	热膨胀系数不匹配 不同材料接触时有化学反应或不兼容
加工问题	加工时芯片退化 芯片连接缺陷——清洗、焊料、气体、炉 引线键合缺陷 涂层缺陷 力学缺陷、裂纹、凹陷、划痕等
热问题	热膨胀不匹配引起的破坏或退化 焊料连接或材料选择不良引起 Tj 过高，进而导致破坏或退化
电气问题	隔离电压失效引起的芯片或封装损坏 栅极氧化物、绝缘污染物引起的漏电
力学问题	弯曲、开口、破裂引起的端子损坏 封装开裂
化学问题	芯片金属化层的腐蚀 端子的腐蚀、生锈
湿气问题	腐蚀、化学反应 漏电参数的退化
ESD（静电放电）问题	潜在的微裂纹、缺陷等损伤在环境作用下加剧
运输问题	运输时不对模块进行保护，封装损坏、端子弯曲或破裂

表 4.26 与部件供应商有关的常见失效分析

原因	失效种类
材料问题	IGBT 栅极氧化物的隐性缺陷——裂纹 IGBT/FRED 钝化介质层的隐性缺陷 芯片测试错误 电镀缺陷导致金属底板和端子的腐蚀；焊料连接不良；引线键合不良 DBC 金属化过程缺陷 焊接材料缺陷

表 4.27　用户导致的失效机理

原因	失效种类
电气问题	在安全工作区（RBSOA）外——电流过大、电压过高 栅极过压——ESD（静电放电）、栅极引线导致
热问题	栅极驱动不足导致 $T_j - V_{CESAT}$ 过大 短路导致过电流，保护失效 开关损耗过大 接触损耗过大 外壳温度过高
力学问题	连接母线与端子的压力过大 反复插入快接导片的压力过大 模块安装到散热器上的压力过大
储存问题	潮湿引起的腐蚀、化学反应 灰尘引起的接触问题 缺少保护或保护不足引起的 ESD 问题

参考文献

1. Eskridge, T., In-process quality control: the route to zero-defect manufacture, *SMT Supplement*, Mar. 2001.
2. Rowland, R. and Woody, T., Process control, *SMT*, Feb. 2001.
3. Ross, G., Visual 3-D inspection under low-clearance components, *HDI*, Aug. 2001.
4. Kelley, R. and Clark, D., 3-D solder paste inspection, *SMT*, Jan. 2001.
5. Clifford, T. and McCurdy, M., Acoustic microscopy can be an effective tool for testing SMD, *SMT*, Feb. 1998.
6. Licari, J.J. and Enlow, L.R., *Hybrid Microcircuit Technology Handbook*, 2nd edition, Noyes Publishing, Park Ridge, NJ, 1998.
7. Hassell, P.B., Advanced warpage characterization: location and type of displacement can be equally as important as magnitude, *Proc. of Pan Pacific Microelectronics Symp. Conf.*, Feb. 2001.
8. Han, B., Optical measurement of flip-chip package warpage and its effects on thermal interface, *Electronic Cooling*, 9, 1, Feb. 2003.
9. Presley, C.E., Process control diagnostics for direct chip attach, *Circuits Assembly*, July 1997.
10. Adams, T., Diagnosing and avoiding flip-chip packaging defects, *Evaluation Engineering*, May 2001.
11. Harper, C.A., *Electronic Packaging and Interconnection Handbook*, 2nd edition, McGraw-Hill, New York, 1997.
12. Albright, G., High resolution, real time micro-thermal imaging — steady-state and pulse measurement on microscopic semiconductor targets, *Electronic Cooling*, 8, 1, Feb. 2001.

13. Rowland, R. and Woody, T., Process control, *SMT Supplement*, Feb. 2001.
14. Dzekevich, J., Design for reliability, *Reliability Analysis News*, Raytheon, Winter 2002.
15. Amerasekera, E.A. and Campbell, D.S., *Fairline Mechanisms in Semiconductor Devices*, John Wiley & Sons, New York, 1987.
16. Martin, P.B., Semiconductor failure analysis, *Evaluation Engineering*, May 2000.
17. Hobbs, G.K., What HALT and HASS can do for your products, *Evaluation Engineering*, Nov. 2000.
18. Ma, B. and Buzuayene, M., Mil-HDBK-217 vs. HALT/HASS, *Evaluation Engineering*, Nov. 2000.
19. Lakshminarayanan, V., Revisiting environmental stress screening, *Evaluation Engineering*, Dec. 1999.
20. Collins, K.J., Improve component life testing, *Test and Measurement World*, Feb. 1998.
21. Lakshminarayanan, V., Predicting semiconductor failure modes, *ISD*, July 2000.
22. Jones, R.D., *Hybrid Circuit Design and Manufacture*, Marcel Dekker, New York, 1982.

4.3 制造设备与耗材

对于生产装置有一些基本要求，以便：

- 防止由静电放电（ESD）引起的损坏；
- 实现无空洞、高产量装配；
- 生产高可靠性的功率模块产品；
- 符合安全和环境要求。

这些要求包括：

- ESD（静电放电）；
- 去离子水；
- 工作气体；
- 化学物质；
- 供电；
- 相对湿度；
- 气流和压差；
- 室内粒子数；
- 存储柜；
- 洁净间附件和细节；
- 安全标准；
- 环境要求。

4.3.1 ESD

ESD（静电放电）是 MOS 栅极型器件的严重威胁。它通过引起过度的电压应力或异常的大电流放电造成损坏，导致灾难性失效或各种性能的下降。性能下降是一类潜在缺陷，会影响以后的实际运行。研究表明，ESD 造成的损失约为年收入的 6.5%，这意味着全球电子行业每年将损失 840 亿美元。因此 ESD 必须得到控制，控制 ESD 引起的损坏需要在以下过程中采取适当的预防措施[2,3]：

- 部件预处理；
- 测试；
- 装配；
- 装运；
- 运行现场。

以下是装配过程中要采取的预防措施：

- 待装配部件和成品要存放在防静电环境中；
- 所有设备都要接地，尤其是贴片机、引线键合机、涂覆机和焊接工具的尖端；
- 所有在装配区的操作人员要穿戴接地的防静电腕带和防静电鞋；
- 可提高湿度环境提释放已积累的静电，必须在可操作的安全区内进行。相对湿度维持在 40% ~60%；
- 使用空气电离器来中和积累的电荷。配合使用低压、低流量的风机可有效地完成这一目标，空气电离器对于 MOS 栅极型器件的装配是必不可少的；
- 不要使用带塑料手柄的工具。所有工具必须用防静电材料制造；
- 地板和工作台表面必须覆盖有除静电材料以防止产生静电。这些材料的表面电阻应在 10^5 ~ 10^8 Ω 之间，其中 Charles Water 公司提供一种硬地板涂层——Statguard 导电地板层；
- 产品要在防静电袋或包装中装运；
- 避免徒手接触端子；
- 未使用的端子要覆盖上静电耗散材料；
- 使用防静电、预湿的擦布清洗。

操作 IGBT 成品模块时要采取下列具体的预防措施：

- 用导电和防静电材料制成的密封袋或容器储存和运输；
- 在存储袋或容器中电离 N_2；
- 具体使用前不要取下安装在栅极和源极之间的导电海绵或胶带；
- 处理模块时通过大电阻（在 100kΩ 和 1MΩ 之间）接地，不要接触栅极；
- IGBT 模块可能接触的任何部分，如工具或工作台等，都要接地；
- 测试 IGBT 模块之前，要确保测量设备中的残留电荷已被完全去除。每个端子从 0V 开始施加电压，以 0V 结束。

注意：所有在 ESD 区域工作的操作人员必须经过培训，并定期进行测试。

4.3.1.1 ESD 产品测试

ESD 产品必须进行严格、定期的测试，以确保它们能正常工作[4,5]。根据 ANSI/ESD S20.20、ESD STM7.1 和 STM 97.1，表 4.28 显示了静电控制产品进行测试的频率。

表 4.28 ESD 测试进度

频率	项目
每日一次	手腕带，鞋，工作服（正常磨损） 如果 ESD 经常超出安全规格，最好使用能够自动报警的持续实时监测仪
每周一次	工作台、地垫、ESD 接地连接
每月一次	ESD 保护区和工作服的静态调查（电气测试）
每季度一次	工作表面和地板的 RTG（对地电阻），手腕带监测仪，ESD 接地连续性
每半年一次	电离平衡和电荷衰减 操作人员测试
每年一次	ESD 系统是否符合 ESD 控制方案

4.3.1.2 ESD 审核[4,6]

审核过程可有效的约束整个 ESD 控制方案，能向公司管理和客户保证 ESD 受到控制。

MIL－HDBK－263 的 K 节提供了进行静电放电审核时使用的检查表，包含了审核时可调查的 500 多个具体问题。该检查表应根据 ESD 控制方案的具体要求定制。有效的审核要围绕以下几点：

- 必须有明确的书面标准和规程；
- 必须有用于测量和采集数据的特定仪器；

审核必须包括所有方面：

- 接收；
- 检测；
- 仓库；
- 装配；
- 研发；
- 运输；
- 办公室；
- 要定期进行审核。建议每年进行六次；
- 做好趋势图和详细记录，准备符合 ISO－9000 的报表；
- 必须落实改进措施。

4.3.2　去离子水

- 根据 ASTM 标准，去离子水的电阻在 25℃ 下最小应为 16MΩ；
- 颗粒数目最大值：100/mm^3；颗粒最大尺寸：0.50μm；
- 最新趋势是使用臭氧浓度为 30 ~ 50ppm 的臭氧去离子水，可有效去除有机污染物。

4.3.3　焊接工艺气氛

- 焊接工艺气氛 N_2 中应含有小于 100ppm 的 O_2 和 5ppm 的水分；
- 气体纯度，O_2、H_2、Ar——0.99999；
- 线压，N_2、O_2——5 ~ 6bar[㊀]；
- 压缩空气——10bar。

4.3.4　化学试剂

- HNO_3——60% ~ 65%；
- HCl——35%；
- HF——50%；
- H_3PO_4——80% ~ 85%；
- CH_3COOH——90% ~ 95%。

4.3.5　电力供应

- 115V ±5%；
- 60Hz ±2%；
- 支持不间断电源（UPS）。

4.3.6　相对湿度

- 20℃，40% ~ 60%

4.3.7　气流和压差

- 空气从送风口进入室内，从回风口排出室内。此过程要尽可能顺畅，可减少紊流、涡流和憋气。
- 洁净间中必须维持正气压，可保持洁净间的洁净等级，一般要达到 0.05in 水柱的压差。

4.3.8　环境颗粒物含量

- 环境颗粒物含量是室内污染的早期预警指示；

㊀ bar，巴，压强单位，1bar = 10^5 Pa。

- 加工区的粒子数应≤100000，并避免过度设计（软帘、区域洁净间或层流罩应≤1000）；
- 加工间应安装活性炭、紫外线和 HEPA 过滤器。

4.3.9 贮存柜

4.3.9.1 无源部件和工具

有两种类型的贮存柜，都是超干的且处于 1000 级：

- 使用 N_2，含有小于 5ppm 的水分；
- 使用再生沸石干燥剂，无 N_2。

4.3.9.2 功率 IGBT/FRED 芯片，待安装的 IGBT 部件和成品模块

- 防静电；
- 20～25℃，40%～60%的相对湿度；
- 1000 级。

4.3.10 洁净间及配套设施[7]

所有洁净间附件和细节应符合洁净间标准（209E，ISO 14644）：

- 家具——长凳，椅子，衣架；
- 穿着——服装，手套；
- 风淋室；
- 地垫——如 Dycem 聚合物地板；
- 清洁擦拭巾——擦拭巾由聚酯纤维制成，并用半导体级异丙醇（IPA）预湿，可由 Anticons 公司和 Texwipes 公司提供。可替代的擦拭溶液应为含有 6%～9% IPA 的去离子水。预湿的擦拭巾主要用于焊料印刷返修，对于涂料和壳体、端盖的清洁，使用干擦拭巾；
- 清洗附件——使用聚酯编织物的平整拖把；
- 细节：
  - 清洗计划，如自上而下的超声清洗、连续清洗等；
  - 操作人员培训计划。

4.3.11 安全标准[8]

所有安全条例必须符合 UL 安全标准和 OSHA 的通用行业标准（29CFR Part 1910）。主要包括：

- 火灾报警和自动喷水灭火系统；
- 易燃和有毒物质的储存和运输；
- 起重设备；

- 电气安全；
- 排烟系统/通风系统；
- 医疗和急救措施。

4.3.12　环境要求

所有环境法规必须符合 OSHA、EPA 和 ISO 14000 标准。着重集中于以下几点：

- 清洗残留物、溶剂和有害废料的管理；
- 生产时 ODC 的消除。

以下是一些 ESD 附件、洁净间储存柜、粒子计数器和洁净间附件的供货商名单：

- ESD 附件：
  — 通用：
  ◆ SIMCO；
  ◆ 3M；
  ◆ Charles Water；
  ◆ Desco；
  — 装配托盘：
  ◆ HMS Compounds；
  — 包装：
  ◆ SECO；
  ◆ Stat - tech；
- 区域洁净间：
  — Clean Air Technology, Inc. ；
  — Air Control, Inc. ；
  — American Cleanroom Systems；
- 层流罩和洁净棚：
  — Terra Universal；
- 贮存柜：
  — Terra Universal；
  — Seika Machinery, Inc. ；
  — Clean Air Products；
  — Toyo Living Co. , Ltd. ；
- 粒子计数器：
  — RION；

— ART 1;

— Pacific Scientific Instruments;

- 洁净间附件经销商:

— Terra Universal;

— Liberty Industries;

— Nerak;

- N_2中微量水分分析仪:

— Tiger Optics;

- N_2中微量氧气分析仪:

— PBTDansensor。

参考文献

1. Amerasekera, E.A. and Campbell, D.S., *Failure Mechanisms in Semiconductor Devices*, John Wiley & Sons, New York, 1987.
2. Allen, R.C. and Felder, G., Developing an ESD control program, *Evaluation Engineering*, Nov. 2001.
3. Lakshminarayanan, V., Minimize ESD-induced failures, *SMT*, Oct. 1999.
4. Allen, R.C., Audits essential to successful ESD control programs, *Evaluation Engineering*, Dec. 1999.
5. Hawkins, S., Taming electrostatic discharge through process control, *Circuits Assembly*, Feb. 2001.
6. Brandt, M.T., Auditing, *Circuits Assembly*, May 1999.
7. Licari, J.J. and Enlow, L.R., *Hybrid Microcircuit Technology Handbook*, 2nd edition, Noyes Publishing, Park Ridge, NJ, 1998.
8. Blackwell, G., *The Electronic Packaging Handbook*, CRC Press, Boca Raton, FL, 2000.

4.4 生产工艺流程图

本节会介绍两种不同的生产工艺，并进行比较。

4.4.1 标准生产工艺

- 采用在强制空气对流或红外传送带回流炉中的回流焊，进行芯片/陶瓷衬底，功率端子/陶瓷衬底和陶瓷衬底/底板的焊接。本节提供了稍微复杂的三次焊料工艺，在此工序中简单组合 MP6 和 MP9，可得到常用的二次焊接工艺。
- 铝线键合。
- 涂层:

— 第一层——硅凝胶;

— 第二层——环氧树脂。
- 工艺控制。
- 测试。

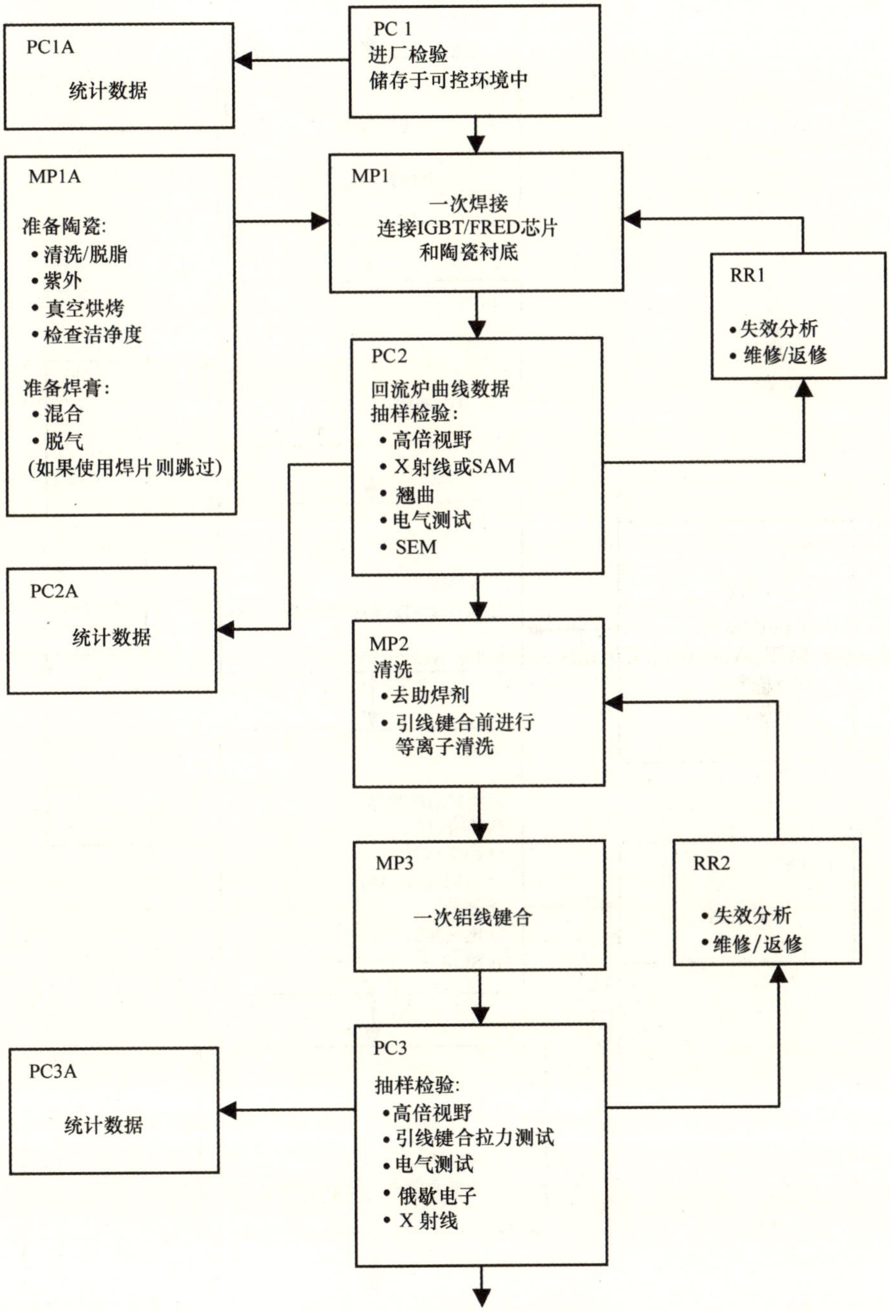

图 4.11　标准生产工艺图

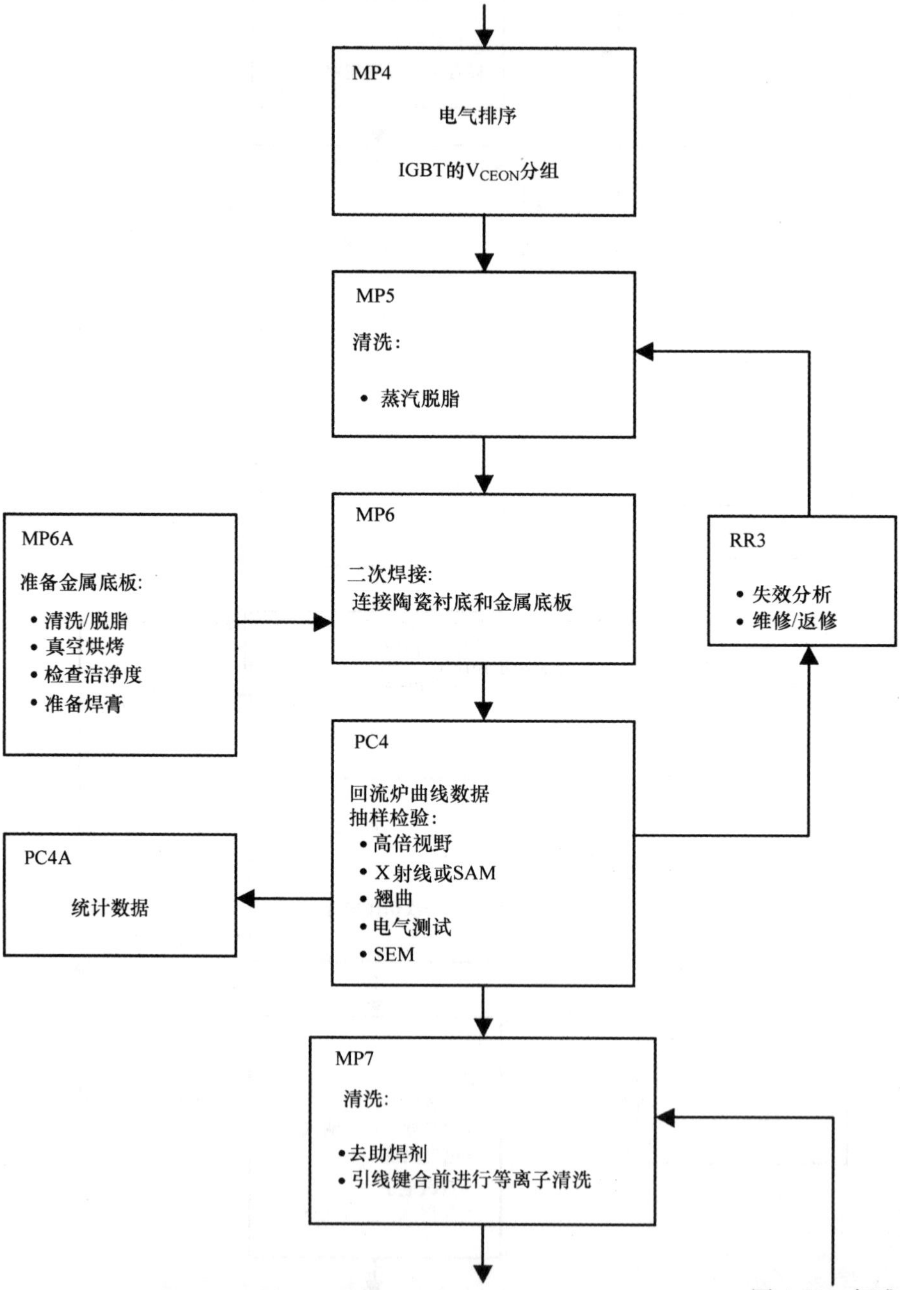
MP4
电气排序
IGBT的V_{CEON}分组
MP5
清洗：
• 蒸汽脱脂
MP6A
准备金属底板：
• 清洗/脱脂
• 真空烘烤
• 检查洁净度
• 准备焊膏
MP6
二次焊接：
连接陶瓷衬底和金属底板
RR3
• 失效分析
• 维修/返修
PC4
回流炉曲线数据
抽样检验：
• 高倍视野
• X射线或SAM
• 翘曲
• 电气测试
• SEM
PC4A
统计数据
MP7
清洗：
•去助焊剂
• 引线键合前进行等离子清洗

图 4.11　标准

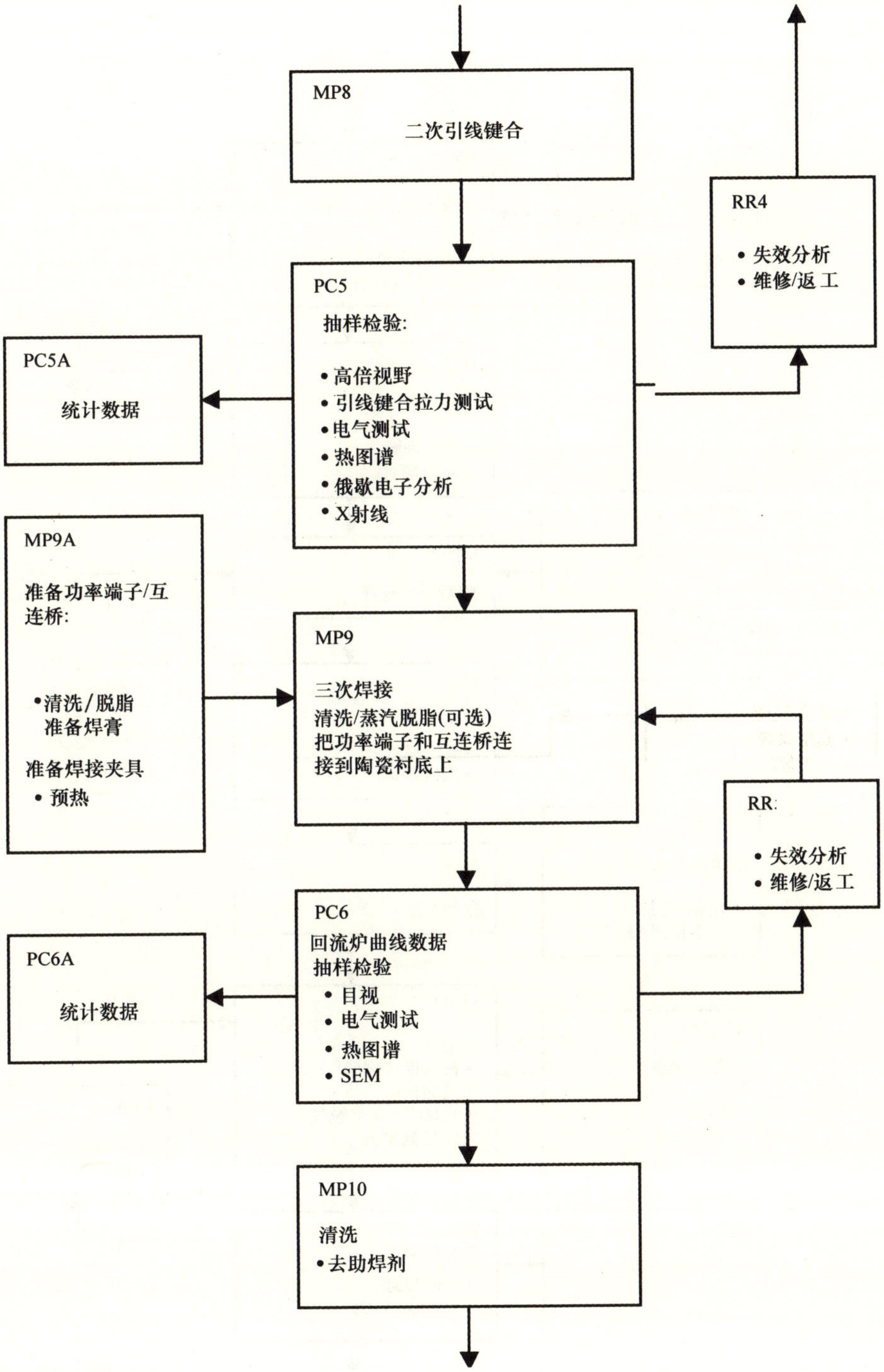
MP8
二次引线键合
RR4
• 失效分析
• 维修/返工
PC5
抽样检验:
• 高倍视野
• 引线键合拉力测试
• 电气测试
• 热图谱
• 俄歇电子分析
• X射线
PC5A
统计数据
MP9A
准备功率端子/互连桥:
• 清洗/脱脂
准备焊膏
准备焊接夹具
• 预热
MP9
三次焊接
清洗/蒸汽脱脂(可选)
把功率端子和互连桥连接到陶瓷衬底上
RR
• 失效分析
• 维修/返工
PC6
回流炉曲线数据
抽样检验
• 目视
• 电气测试
• 热图谱
• SEM
PC6A
统计数据
MP10
清洗
• 去助焊剂

生产工艺图（续一）

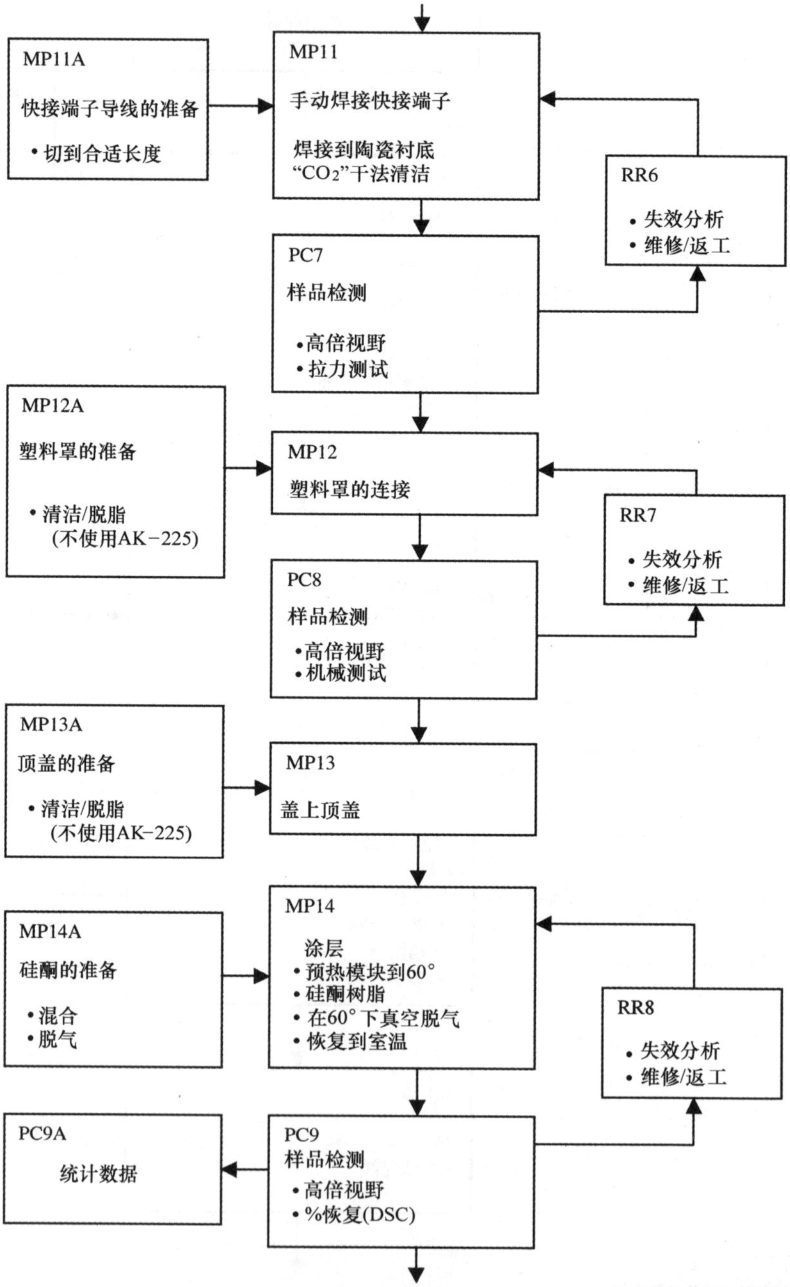
MP11A
快接端子导线的准备
• 切到合适长度
MP11
手动焊接快接端子
焊接到陶瓷衬底
"CO2"干法清洁
RR6
• 失效分析
• 维修/返工
PC7
样品检测
• 高倍视野
• 拉力测试
MP12A
塑料罩的准备
• 清洁/脱脂
(不使用AK-225)
MP12
塑料罩的连接
RR7
• 失效分析
• 维修/返工
PC8
样品检测
• 高倍视野
• 机械测试
MP13A
顶盖的准备
• 清洁/脱脂
(不使用AK-225)
MP13
盖上顶盖
MP14A
硅酮的准备
• 混合
• 脱气
MP14
涂层
• 预热模块到60°
• 硅酮树脂
• 在60°下真空脱气
• 恢复到室温
RR8
• 失效分析
• 维修/返工
PC9A
统计数据
PC9
样品检测
• 高倍视野
• %恢复(DSC)

图4.11 标准

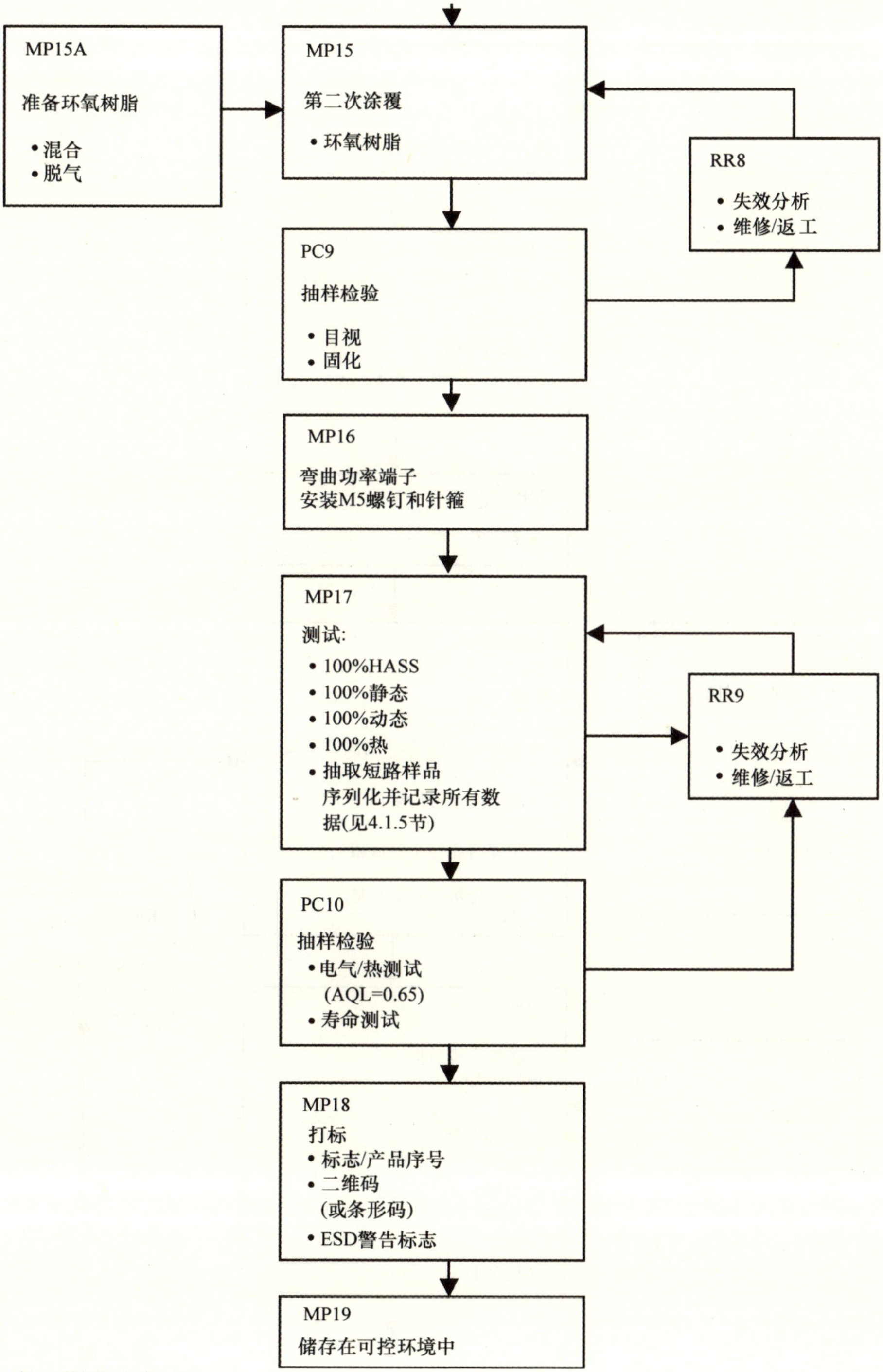
MP15A
准备环氧树脂
•混合
•脱气
MP15
第二次涂覆
•环氧树脂
RR8
•失效分析
•维修/返工
PC9
抽样检验
•目视
•固化
MP16
弯曲功率端子
安装M5螺钉和针箍
MP17
测试:
•100%HASS
•100%静态
•100%动态
•100%热
•抽取短路样品
序列化并记录所有数据(见4.1.5节)
RR9
•失效分析
•维修/返工
PC10
抽样检验
•电气/热测试
(AQL=0.65)
•寿命测试
MP18
打标
•标志/产品序号
•二维码
(或条形码)
•ESD警告标志
MP19
储存在可控环境中

生产工艺图（续二）

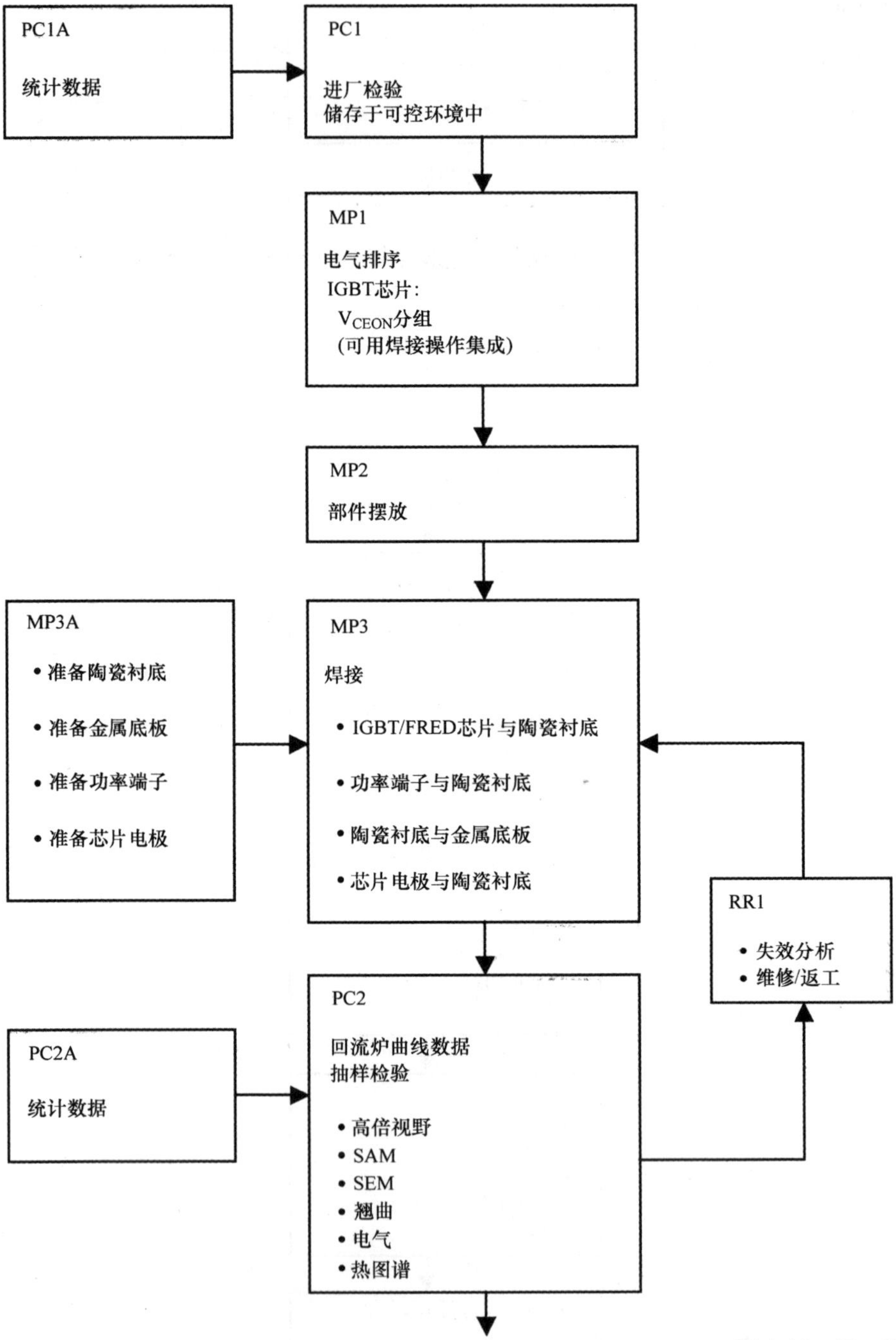
PC1A
统计数据
PC1
进厂检验
储存于可控环境中
MP1
电气排序
IGBT芯片:
V_{CEON}分组
(可用焊接操作集成)
MP2
部件摆放
MP3A
• 准备陶瓷衬底
• 准备金属底板
• 准备功率端子
• 准备芯片电极
MP3
焊接
• IGBT/FRED芯片与陶瓷衬底
• 功率端子与陶瓷衬底
• 陶瓷衬底与金属底板
• 芯片电极与陶瓷衬底
RR1
• 失效分析
• 维修/返工
PC2A
统计数据
PC2
回流炉曲线数据
抽样检验
• 高倍视野
• SAM
• SEM
• 翘曲
• 电气
• 热图谱

图 4.12　另一种

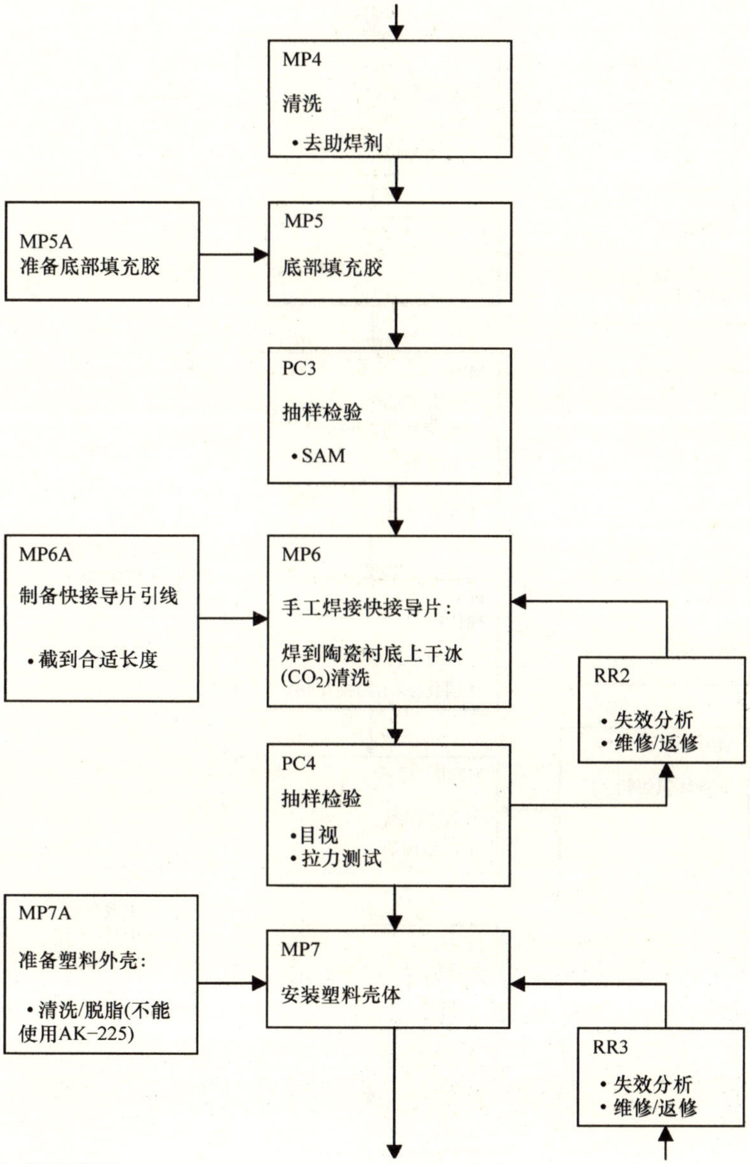
MP4
清洗
•去助焊剂
MP5A
准备底部填充胶
MP5
底部填充胶
PC3
抽样检验
•SAM
MP6A
制备快接导片引线
•截到合适长度
MP6
手工焊接快接导片：
焊到陶瓷衬底上干冰 (CO_2)清洗
RR2
•失效分析
•维修/返修
PC4
抽样检验
•目视
•拉力测试
MP7A
准备塑料外壳：
•清洗/脱脂(不能使用AK-225)
MP7
安装塑料壳体
RR3
•失效分析
•维修/返修

生产流程图

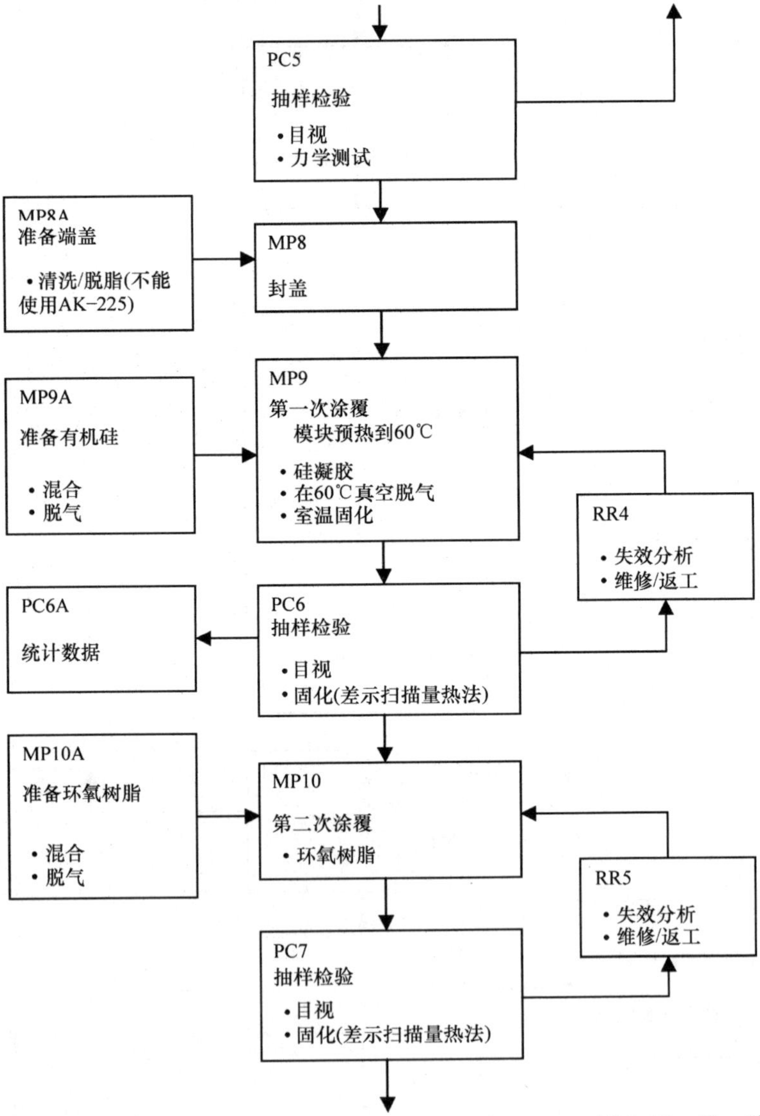
PC5
抽样检验
• 目视
• 力学测试
MP8A
准备端盖
• 清洗/脱脂(不能使用AK-225)
MP8
封盖
MP9A
准备有机硅
• 混合
• 脱气
MP9
第一次涂覆
模块预热到60℃
• 硅凝胶
• 在60℃真空脱气
• 室温固化
RR4
• 失效分析
• 维修/返工
PC6A
统计数据
PC6
抽样检验
• 目视
• 固化(差示扫描量热法)
MP10A
准备环氧树脂
• 混合
• 脱气
MP10
第二次涂覆
• 环氧树脂
RR5
• 失效分析
• 维修/返工
PC7
抽样检验
• 目视
• 固化(差示扫描量热法)

图 4.12　另一种

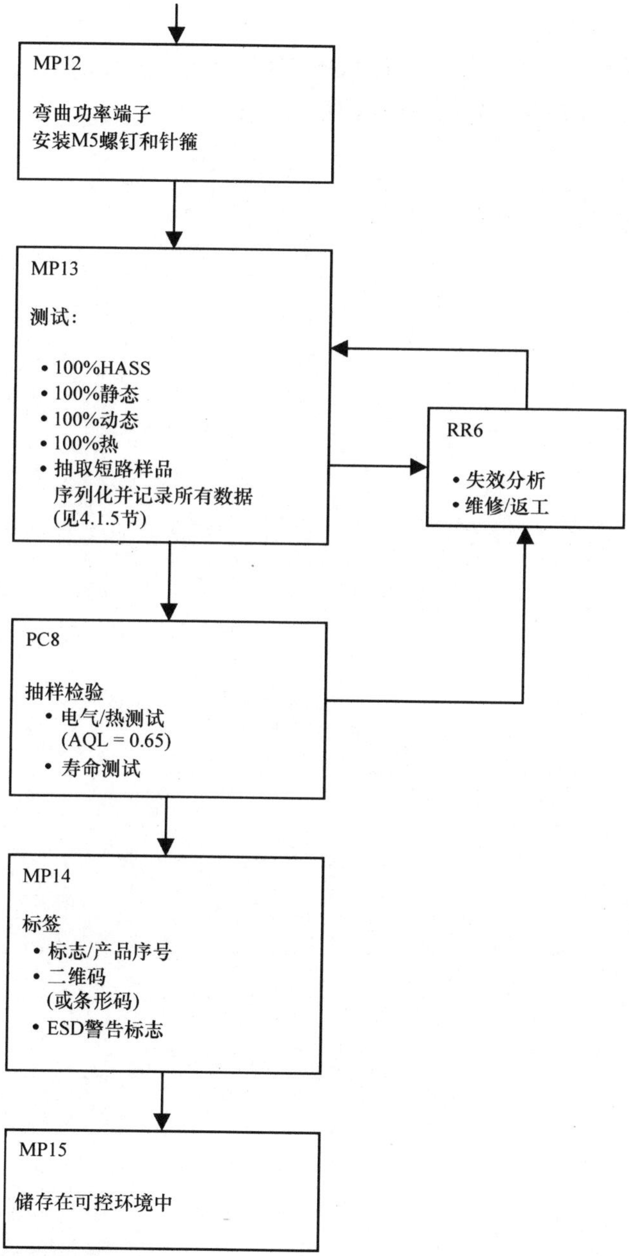
MP12
弯曲功率端子
安装M5螺钉和针箍
MP13
测试:
• 100%HASS
• 100%静态
• 100%动态
• 100%热
• 抽取短路样品
序列化并记录所有数据
(见4.1.5节)
RR6
• 失效分析
• 维修/返工
PC8
抽样检验
• 电气/热测试
(AQL = 0.65)
• 寿命测试
MP14
标签
• 标志/产品序号
• 二维码
(或条形码)
• ESD警告标志
MP15
储存在可控环境中

生产流程图（续一）

4.4.2 其他生产工艺

- IGBT 和 FRED 芯片的焊料凸点；
- 通过在单室或真空回流炉中的回流焊，进行芯片/陶瓷衬底，芯片功率电极/陶瓷衬底，功率端子/陶瓷衬底和陶瓷衬底/底板间的焊接；
- 涂层：
  — 第一层——硅凝胶或聚对二甲苯；
  — 第二层——环氧树脂；
- 工艺控制；
- 测试。

第 5 章　功率模块设计

本章将主要介绍大功率 IGBT 模块的设计。为方便进行详细讲解，本书以较为流行的 200A，1200V，1000W 的 IGBT 半桥模块为例，其封装外形依将照行业内标准的 Double Int – A – Pak 进行。图 5.1 所示为其电路连接，图 5.2 所示为管脚位置的定义。

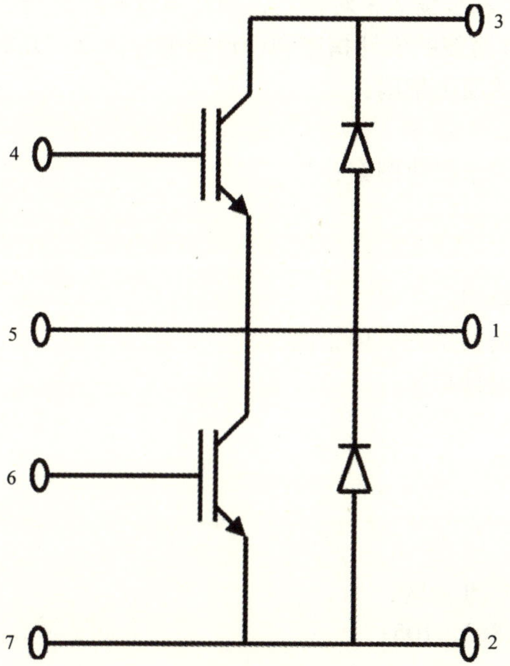

图　5.1

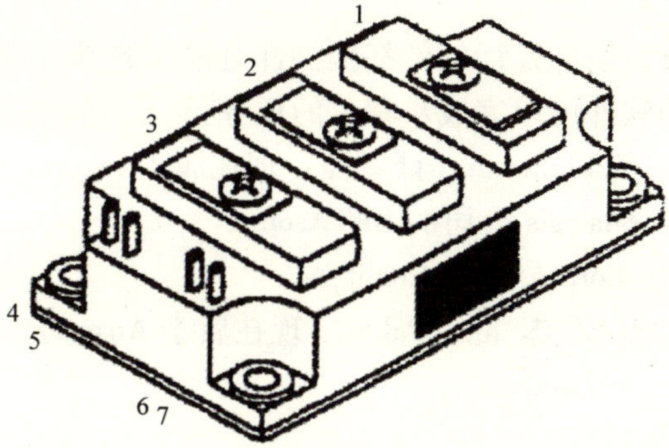

图　5.2

该模块的设计过程分为三步。IGBT 模块是由不同材料紧密连接而组成的多层结构体，这些材料间的相互热作用会对产品的长期可靠性造成影响。因此，必须对模块进行有效的热管理。在对模块的叠层结构进行合理热管理的基础上，再进行模块封装的物理布局，需要对电路进行合理划分并遵循一些通用设计指南：

- **步骤 1：热管理**——本步将基于第 3 章选择出的材料进行初步的叠层结构设计，主要进行热导率和热应力分析。并对各项参数进行反复调整，直到计算出的芯片结温（T_j）上升和热应力都达到期望的水平，这一水平可以由环境温度和模块的功率损耗计算得到。
- **步骤 2：电路分区**——按照模块的功能、特性、可靠性和成本对电路进行划分并优化。步骤 1 和步骤 2 相对独立，因此可以同时进行。
- **步骤 3：需要遵照的设计指南和设计规范**包括以下几类：

— 对于材料的通用指南：

◆ 陶瓷衬底；
◆ 陶瓷衬底上的金属化图案；
◆ 金属底板；
◆ 功率端子；
◆ 塑料管壳和端盖。

— 材料供应商提供的具体指南：

- 装配或制造设计指南；
- 清洗；
- 焊膏的涂覆；
- 引线键合；
- 在线测试。

— 通用行业标准指南：

- MIL-STD-883，105；
- UL，VDE，CSA；
- IPC。

当前有许多计算机辅助设计软件都提供针对模块的深入热电分析以及热力学分析。下面列表中的软件可以完成步骤 1 的任务：

- Flomerics 公司的 Flotherm（译者注：现在属于 Mentor Graphics 公司）；
- Dynamic Soft Analysis 公司的 BETAsoft.；
- Daat Research Corp 公司的 Coolit；
- Fluent 公司的 ICEPAK and PakSi（现在属于 Ansys 公司）；
- Ansys 公司的 DesignSpace；
- MAYA 公司的 EFC。

富士通互连技术等公司还直接提供热学分析服务。HEM 数据公司提供一种 Windows 下的 CAD（计算机辅助设计）系统软件，可用于完成步骤 2 和步骤 3 的任务。

5.1 热管理设计

5.1.1 模块的叠层结构设计[1,2]

四种备选方案的叠层结构见表 5.1。

表 5.1　四种备选焊接叠层结构

	1	2	3	4
芯片/衬底组合	4 片 IGBT 芯片 4 片 FRED 芯片 4 片衬底	4 片 IGBT 芯片 4 片 FRED 芯片 4 片衬底	4 片 IGBT 芯片 4 片 FRED 芯片 4 片衬底	4 片 IGBT 芯片 4 片 FRED 芯片 1 片衬底
绝缘衬底	DBC 衬底① 8mil 铜层 10mil 氧化铝 8mil 铜	ABC 衬底② 8mil 铜层 25mil 氮化铝 8mil 铜	ABC 衬底 8mil 铜层 25mil 氮化铝 8mil 铜	ABC 衬底 8mil 铜层 40mil 氮化硅 8mil 铜
金属底板	120mil 铜	120mil 铜	120mil 碳化硅铝	
IGBT 芯片	100A	100A 0.523in × 0.523in × 0.0075in	100A	100A
FRED 芯片	100A	100A 0.360in × 0.360in × 0.030in	100A	100A
一次焊接层	2mil 95% 铅/5% 锡焊片	2mil 95% 铅/5% 锡焊片	2mil 95% 铅/5% 锡焊片	2mil 95% 铅/5% 锡 焊片
二次焊接层③	3 ~ 5mi 96. % 锡/3.5% 银焊膏	3 ~ 5mi 96. % 锡/3.5% 银焊膏	3 ~ 5mi 96. % 锡/3.5% 银焊膏	

① DBC：直接敷铜技术。

② ABC：活性钎焊覆铜技术。

③ 在具有三次焊接过程的工艺中，对功率端子和互连桥可采用第三种焊料，如 63% 锡/37% 铅焊锡，可以采用焊膏涂覆技术或者使用焊片。此过程应当避免使用 42% 锡/58% 铋焊锡，因为熔点较低仅有 138℃，容易形成不稳定的三相 Pb 与 SnPbBi 混合物，其熔点仅有 96℃。

5.1.2 热导率分析

很多文献都对焊接叠层结构的热导率[1-8]和热应力[4,5]进行了详细分析，在设计的过程中需要对参数进行不断调整，直到温升和热应力都达到允许的范围。表5.1中所列的焊接叠层结构是经过这种调整后的优化结果。

根据这些参数，在假设只有导通损耗的情况下，可以分别计算出各种备选方案的热阻，其结果列在表5.2中。

表5.2 四种备选方案和4种商业模块的结壳热阻 R_{th}（j-c）

设计	结壳热阻 R_{th}(j-c)/(℃/W)
1	0.138
2	0.113
3	0.140
4	0.102
Hitachi MBM200JS12AW	0.120
Eupec BSM200GB120DN2	0.090
IR GA200TD120U	0.125
IXYS VDI200-12S4	0.110

每个单元在载流200A的情况下其损耗是1000W（或每片IGBT损耗500W），表5.3列出了各种备选方案下的结温 T_j 的上升情况[4-8]。

表5.3 四种备选方案的结温上升

设计	相对于管壳的结温上升 ΔT_{jc}/℃
1	69
2	56.5
3	70
4	51

除此之外，当载流200A时，陶瓷衬底上表面铜层也会因电阻效应产生损耗。经过计算，这种温升一般小于1℃。表5.4列出了总温升 ΔT_{jc}。

表5.4 四种备选方案的结温总上升

设计	相对于壳的结温上升 ΔT_{jc}/℃
1	70
2	57.5
3	71
4	52

由于半导体芯片的结温 T_j 对芯片的寿命有较大影响，因此要求设计时必须限制在 150℃范围内。

5.1.3　热应力分析

在焊接叠层中，功率芯片被焊接到陶瓷衬底上，再一起被连接到金属底板上，组成一个 5 层结构，这 5 层分别是

- 功率芯片；
- 一次焊层；
- 陶瓷衬底；
- 二次焊层；
- 金属底板。

由于焊接温度高于实际工作温度，这种结构在焊接冷却的过程中会产生较大的热应力。在常规 -40 ~ 85℃的温度循环试验中，热应力的最大值产生在最低温度点，也就是 -40℃时。

模块封装中的各种材料都具有一定的临界受力点或临界热应力，见表 5.5。如果实际热应力超过这一数值，就有出现断裂失效的危险，其中硅芯片的脆性是分析热应力的关键。

表 5.5　不同材料的临界热应力

材料	临界热应力/Psi
硅	5.36×10^4（3μm 薄片）
氧化铝	4.98×10^4
氮化铝	4.44×10^4
氮化硅	1.40×10^5

硅的脆性导致其临界应力主要由缺陷尺寸决定。在芯片制造过程中，切割、叠层和摩擦都会产生缺陷，下面的计算将首先假定表面缺陷长度是 3μm。另一方面，由于氧化铝、氮化铝和氮化硅材料的延展性相对稍强，其临界应力主要由其抗张强度决定，也就是加载拉力时使材料断裂的临界点。

在常规 -40 ~ 85℃的温度循环试验中，IGBT 芯片和绝缘衬底的最大热应力均出现在 -40℃时。下面分别对四种备选方案的最大热应力进行计算。

计算主要基于参考文献［4］的分析，最大热应力位于芯片端角处，可用公式（5.1）计算：

$$S_M = \frac{(CTE_S - CTE_D)\times(T_P - T_A)\times L\times G\times \tanh(\beta)}{\beta\times t_B} \tag{5.1}$$

$$\beta = \sqrt{\frac{G}{t_s}\left(\frac{1}{E_D t_D} + \frac{1}{E_S t_S}\right)}$$

式中：

S_M为芯片端部最大热应力；

CTE_S为衬底的热膨胀系数；

CTE_D为芯片的热膨胀系数；

T_P为焊接温度（液态焊锡凝固的温度）；

T_A为环境温度；

L为芯片最大尺寸；

G为焊锡的剪切模量；

t_B为焊锡层厚度；

t_S为衬底厚度；

E_D为芯片的弹性模量；

t_D为芯片厚度；

E_S为衬底的弹性模量。

经过对四种备选方案的计算，芯片和衬底的最大热应力分别列写在表 5.6 中

表 5.6　四个备选方案中 IGBT 芯片和衬底的最大热应力

设计	IGBT 的最大热应力/psi	衬底的最大热应力/psi
1	3.87×10^4	2.60×10^4
2	5.36×10^4	4.44×10^4
3	1.89×10^4	9.75×10^4
4	5.97×10^2	

通过以上数据与临界热应力相比较，表 5.7 分析了每种备选方案温度循环耐受能力，以及出现碎裂和断裂失效的可能性。

表 5.7　3μm IGBT 芯片缺陷的温度循环耐受能力

设计	-40~85℃的温度循环耐受能力
1	好
2	普通
3	很好
4	非常好

脆性材料的临界热应力 S 可由公式（5.2）计算

$$S = Y\frac{K}{\sqrt{a\pi}} \tag{5.2}$$

式中：

K 为材料的断裂韧度（其单位是 $\mathrm{MPa}/\sqrt{\mathrm{m}}$），对于硅材料，$K$ 值为0.7 ~0.8；

a 为材料缺陷长度的一半；

Y 对于边缘缺陷等于 1.3，对于表面缺陷等于 1.4，对于内部缺陷等于 1.56。

如果硅功率芯片的缺陷尺寸变化为是0.5mil（12μm），断裂的临界热应力将减小至 2.7×10^4 psi。12μm 缺陷下各种备选方案的温度循环耐受能力被列于表 5.8 中。

表 5.8 12μm IGBT 芯片缺陷下温度循环耐受能力

设计	-40 ~ 85℃的温度循环耐受能力
1	普通
2	差
3	好
4	非常好

本书采用此种较为简单的方法，能够快速地计算出不同参数对于热应力和温度循环耐受能力的影响。如果需要更加准确地估算温度循环耐受能力，必须考虑焊锡的疲劳抗性。在温度循环测试下，不同材料间热膨胀系数的差别会致使焊锡层逐渐积累热应力，导致蠕变和其他形变。很多文献都对焊锡材料的塑性进行了详细建模，其中文献［10］建立了一种实用的二维模型，可以用来分析：

- 热应力的幅值和分布；
- 焊接层的可靠性和寿命。

参考文献

1. Schüetze, T., Berg, H., and Schilling, O., 6.5 KV IGBT module delivers reliable medium voltage performance — part 2: packaging, *PCIM*, Sept. 2001.
2. Powerex, Inc., *Power Transistor Module and Accessory Product Guide*, 7th edition, 2000.
3. International Rectifier, Inc., *IGBT Design Manual*, IGBT 3, 1998.
4. Sergent, J.E. and Krum, A., *Thermal Management Handbook for Electronic Assemblies*, 2nd edition, McGraw-Hill, New York, 1997.
5. Harper, C.A., *Electronic Packaging and Interconnection Handbook*, 2nd edition, McGraw-Hill, New York, 1997.
6. National Beryllia Corp., *Designing with Beryllia*, National Beryllia Report, 1976.
7. Dierberger, K. and Grafham, D.R., Thermal performance and cost guide surface mount method for D^3 PAK power semiconductor, *PCIM*, Nov. 1995.
8. Basler, M., Hybrid thermal analyzers: a design tool, *Hybrid Circuit Technology*, Sept. 1987.
9. Blackwell, G., *The Electronic Packaging Handbook*, CRC Press, Boca Raton, FL, 2000.
10. Matthews, F.L. and Rawlings, R.D., *Composite Materials: Engineering and Science*, CRC Press, Boca Raton, FL, 1999.
11. Ikemoto, S., Thermal and stress simulation, *Advanced Packaging*, Sept. 2003.

5.2 电路分区

200A IGBT 半桥模块具有两个重要的组成部分，每个部分都需要有载流总和达到 200A 的 IGBT 芯片组以及载流总和达到 200A 的 FRED 芯片组。这些芯片组可由下列组合实现：

- 1 片 200A 芯片；
- 2 片 100A 芯片；
- 4 片 50A 芯片。

设计功率模块时首先需要挑选其中一种组合，为确保进行良好的选择，需要考虑下列因素：

- 芯片和衬底间的热应力；
- 绝缘衬底的尺寸；
- IGBT 芯片的并联能力；
- 成本（包括芯片成本，组装、分组等人工成本）。

5.2.1 芯片和绝缘衬底间的热应力[1,2]

硅材料的脆性导致硅芯片的选择主要受临界热应力影响，这种临界热应力与表面缺陷尺寸有关。例如，一个 3μm 的缺陷将产生 5.3×10^4 的临界热应力。由于热膨胀系数不一致，芯片和衬底间会不断产生热应力，当热应力超过临界热应力时，芯片就开始碎裂并将导致失效。

焊接叠层的热应力如图 5.3 所示。

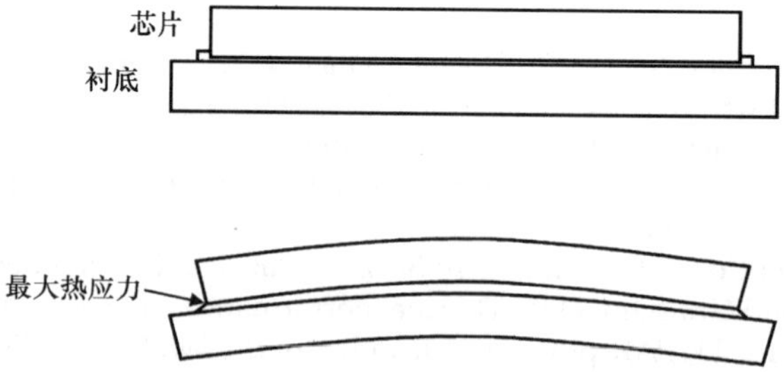

图 5.3 IGBT 焊接叠层结构的热应力

在功率芯片（IGBT、FRED）上产生的热应力由下列参数决定：

- 芯片和衬底间的热膨胀系数的不匹配性；
- 绝缘衬底的材料和厚度；
- 芯片的尺寸和厚度；

- 焊锡的焊接温度；
- 焊锡的弹性模量；
- 焊锡厚度。

由于热膨胀系数不一致，较大的芯片尺寸会产生较大的热应力，这也决定了衬底上最大尺寸芯片的选择。下列两例分别采用了不同芯片尺寸、焊锡以及三种不同衬底（96%氧化铝、氮化铝、氮化硅），本节这些组合会产生的最大热应力进行了计算。由于在同样载流能力下，IGBT 芯片的面积一般大于 FRED 芯片，本书将集中分析 IGBT 芯片，其结论也同样适用于 FRED 芯片。

- 芯片厚度：0.015in；
- 绝缘衬底厚度：0.050in；
- 焊片厚度：0.002in；
- 环境温度：-40℃（此温度下芯片的热应力最大）。

通过公式（5.1）可以得到以下几个小结的论断。

5.2.1.1　示例 1

图 5.4 介绍了使用 96.5%锡 3.5%银焊锡的结果。

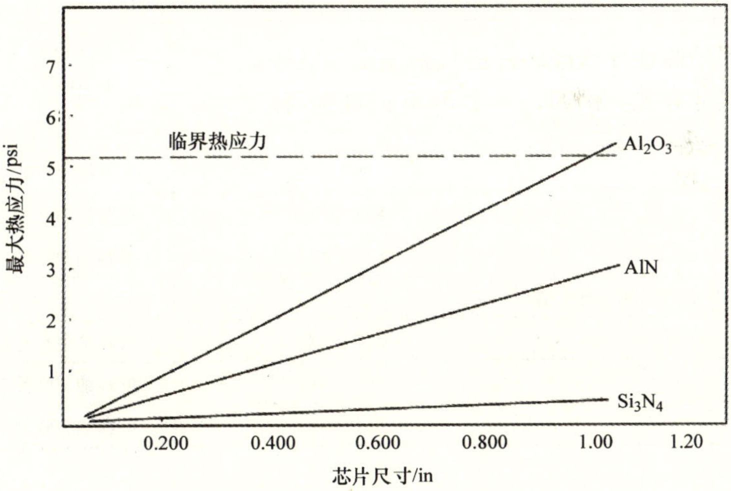

图 5.4　使用 96.5%锡 3.5%银焊锡时芯片尺寸与最大热应力的关系

5.2.1.2　示例 2

图 5.5 介绍了使用 95%铅 5%锡焊锡的结果。

表 5.9 对上述结果进行了总结。

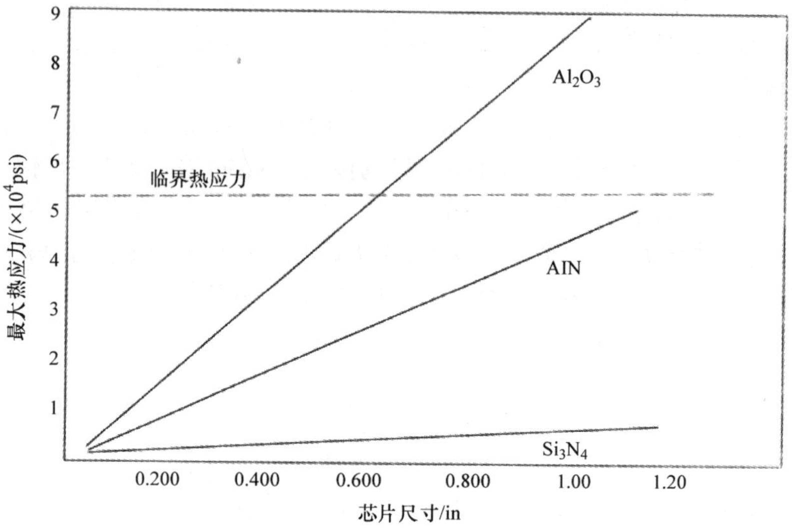

图 5.5　使用95%铅5%锡焊锡时芯片尺寸与最大热应力的关系

表 5.9　不同绝缘衬底可允许的最大芯片尺寸

	最大允许芯片尺寸/in	根据 IXYS，IR，APT 的 IGBT 芯片进行划分
示例 1，95%铅/5%锡合金焊锡		
氧化铝	1×1	可容纳 200 片芯片
氮化铝	>（1×1）	可容纳 200 片芯片
氮化硅	>（1×1）	可容纳 200 片芯片
示例 2，95%铅/5%锡合金焊锡		
氧化铝	0.6×0.6	可容纳 100 片芯片
氮化铝	>（1×1）	可容纳 200 片芯片
氮化硅	>（1×1）	可容纳 200 片芯片

5.2.2　绝缘衬底尺寸分析

200A IGBT Dual 模块的衬底尺寸可以由以下单元的估算面积相加得到：

- 模块中所有 IGBT 芯片的面积（8×50A、4×100A 或 2×200A）；
- 模块中所有 FRED 芯片的面积（4×100A 或 2×200A）；
- 3 个功率端子所占的铜层面积；
- 铝键合线所占的铜层面积。

经计算衬底面积约为 $6in^2$，或 2in×3in。本书不进行复杂计算，根据经验公式估算出氧化铝、氮化铝、氮化硅绝缘衬底的翘曲率约为 3 ~ 3. 5mil/in。

对于一片 2in × 3in 的衬底，从中心到端部翘曲的最大值可以达到 10mil，如果考虑到焊膏的厚度通常只有 3 ~ 5mil，过大的翘曲显然是不合适的。更可行的方案是把衬底分成两块 2in × 1. 5in 的小片，或者四块 1in × 1. 5in 的小片。由于具有更加易于控制的翘曲，通常情况下设计者更应考虑 4 块小片的组合。这 4 块小片一般被分为形式一致的 2 组，每片衬底焊有 1 片 100A 的 IGBT 芯片或者 2 片 50A 的 IGBT 芯片，并焊有 1 片 100A 的二极管芯片。每一小片衬底都应被当作独立的个体来处理，在组装之前需要 100% 地经过筛选测试。

5. 2. 3　IGBT 芯片并联技术[3,4]

IGBT 并联的难点在于芯片间电流的平均分配，平衡的电流分配会产生较为一致的结温（T_j）上升，平衡的电流也会带来较低的局部热点温度，有利于延长芯片的使用寿命。因此，电流均衡的并联设计是十分重要的。

设计者主要需要考虑两个因素：芯片的电气匹配和热耦合。

5. 2. 3. 1　电气匹配

电气匹配是并联 IGBT 芯片的有效手段之一，匹配的主要标准是 IGBT 芯片导通时的压降 $V_{CESAT(on)}$。为平衡电流分配，这一数值的差别应当在 ± 15% 内，也即 $\Delta V_{CESAT(on)} \leqslant 0.30V$。

相对于挑选 2 片匹配的 100 AIGBT 芯片，挑选压降差别在 0. 03V 以内的 4 片 50A 芯片会更加困难和费时。

5. 2. 3. 2　热耦合

在电流平衡设计较为困难时，良好的热耦合也能帮助减少由于芯片差异带来的温度不平衡。热耦合设计一般基于以下几项考虑：

- 芯片和衬底的焊接层；
- 绝缘衬底的热导率；
- 衬底和金属底板间的焊接层。

5. 2. 4　成本核算

- **芯片**：当芯片尺寸增加时，成本会以更快的速度增加。这是因为随芯片尺寸的增加，芯片良品率会下降，并且晶圆上能产出的芯片总数量也会减少，它们之间并不是线性相关的。所以，一片 200A 芯片的价格是一片 50A 芯片的 5. 5 倍以上，而一片 100A 芯片的价格是一片 50A 芯片的 2. 5 倍以上。
- **人工人本**：
  - 组装——处理一片 200A 芯片的人工成本最低，而处理 4 片 50A 芯片组合的人工成本最高，处理 2 片 100A 芯片的成本居中；

— 分组——将4片50A芯片分组的成本远大于将2片100A芯片分组的成本。

设计者需要综合考虑机械、电气、散热和成本，表5.10对比了200A，1200V IGBT模块的各种最佳组合。

表5.10 不同绝缘衬底匹配IGBT/FRED芯片的组合

绝缘衬底	IGBT/FRED芯片和衬底的组合
氧化铝	4片小型衬底，每个衬底上有1片100A IGBT芯片，1片100A FRED芯片
氮化铝	4片小型衬底，每个衬底上有1片100A IGBT芯片，1片100A FRED芯片
氮化硅	一整片衬底，100A或200A芯片均可接受

参考文献

1. Sergent, J.E. and Krum, A., *Thermal Management Handbook for Electronic Assemblies*, McGraw-Hill, New York, 1998.
2. Harper, C.A., *Electric Packaging and Interconnection Handbook*, 2nd edition, McGraw-Hill, New York, 1997.
3. International Rectifier, Inc., *IGBT Design Manual*, IGBT 3, 1998.
4. Hitachi, *IGBT Module Application Manual*, 1999.

5.3 模块整体设计指南与规范

本节将介绍一些通用的设计指南，由于各家供应商都有独自的设计原则，在进行封装设计时需要综合考虑。

5.3.1 陶瓷材料用作绝缘衬底的设计

表5.11和表5.12分别列出了陶瓷材料用作绝缘衬底的设计指南和材料特性

表5.11 陶瓷材料用作绝缘衬底通用的设计指南

长度和宽度	最大4in×4in，允许±0.8%公差
厚度	允许厚度在8~80mil之间，常规厚度为25mil，允许±0.8%公差，叠层厚度<40mils，干压厚度>40mils
翘曲率	3~3.5mil/in
表面粗糙度	Ra≤0.7μm，Rz≤3.5μm
开孔	直径≥0.060in±0.004in 至边缘距离≥0.060in
毛刺	≤2mil

（续）

起泡	≤1mil
裂痕	至边缘距离 <20mil
端部倒角半径	常规 0.080in
上下表面平行率	±0.04% 最大外边缘尺寸
垂直率	±0.04% 最大外边缘尺寸

表 5.12　陶瓷材料用作绝缘衬底的基本特性

	氧化铝	氮化铝	氮化硅
热导率/(W/m·K)	24	170	70
热膨胀系数/(ppm/℃)	6	4.6	3
绝缘率/(V/mil)	300	375	250

5.3.2　陶瓷材料用作绝缘衬底的金属化图案布局

陶瓷材料用作绝缘衬底的金属氧化层图案布局必须遵循以下一些规范和原则：

5.3.2.1　尺寸

金属图案的布局需要考虑商业化模块的尺寸一致性和标准的端子位置定义，比如 200A，1200V IGBT 半桥模块可以参考：

- Hitachi— MBM200JS12AW；
- Eupec — BSM200GB120DN2；
- Powerex — CM200DU-24F；
- IR— GA200TD120U；
- IXYS— VDI200-12S4。

5.3.2.2　氧化铝直接敷铜板、氮化硅活性钎焊覆铜板的金属化布局

陶瓷材料用作绝缘衬底通常采用直接敷铜技术和活性钎焊覆铜技术来对表层的金属进行附着，表 5.13 给出了这两种敷铜方法的图案布局的指南。

表 5.13　氧化铝直接敷铜板、氮化铝活性钎焊覆铜板、氮化硅活性钎焊覆铜板金属化图案设计指南

铜层厚度（不超过陶瓷层厚度）	6~20mil（常规为 10mil） 8~12mil（常规为 10mil）	直接敷铜板 活性钎焊覆铜板
厚度公差	±10%	
最小线宽	20mil 40mil	6~10mil 厚铜层 10~20mil 厚铜层

（续）

长度和宽度的公差	±4mil	
导电图案间距	20mil 40mil	<12mil 厚铜层 12 ~ 20mil 厚铜层
腐蚀比例因子 a	3 ~ 10	$= \frac{厚度}{a}$
至衬底边缘的最小距离	20mil	耐压 2500V
翘曲率	±（3 ~ 4mil/in）	
开孔	开孔尺寸≥衬底厚度 至边缘距离≥0.060in	
铜层导电率	0.00017Ω/in^2 0.00006Ω/in^2	4mil 厚铜层 12mil 厚铜层
额定功率下导体铜层允许的温度上升	10 ~ 20℃	
上表面铜层绝缘图案间最小耐压	1min 耐受交流电压 1500V	
上、下铜层间最小耐压（UL1550）	1min 耐受交流电压 2500V	
绝缘图案端部倒角半径	常规下 20 ~ 60mil	
杂散电感（包含铜层、功率端子、键合线及衬底连接产生的杂散电感）	<50nH（一般为 20nH）	
上、下铜层厚度比 图案面积比	1 ~ 1.5 0.75 ~ 1	
金属层边缘处理	台阶化或边缘点状化可以有效减小应力，台阶高度或针点高度应为铜层的一半	
芯片焊接预留面积	芯片四周预留 20mil	
功率端子预留面积	功率端子四周预留 20mil	
键合点预留面积	3 ~ 5 倍键合线直径	
键合点只芯片边缘最小距离	40 ~ 60mils	
键合线最大长度	300 ~ 500mils	

（续）

不推荐芯片间单独连线，所有键合线都应当有键合点在敷铜衬底上		
键合线间严禁交叉（MIl－883C）		
第一键合点和第二键合点间高度差	最大 30mils	
产品生产中的测试面积	栅极、发射极和集电极图案面积 20mil×20mil；芯片和最近导线间距离至少 40mil	
元件间的最小距离	40mil，间距太小则不利于清洗	
为减小芯片间温度相互影响，最小间距为 $D/2$，其中 D 是较大芯片的尺寸		
铜层拉应力	>150N/cm	拉力测试
铜层表面变色或污染均不被接受		
毛刺或突起	关键部分 1mil，其余部分 4mil	
表面坑或空洞	关键部分严禁出现，其余部分 80mil 或铜层厚度	
裂痕	严禁出现	

封装中的杂散电感可以导致电压过冲，可以由式（5.3）计算

$$V = L\frac{\mathrm{d}i}{\mathrm{d}t} \tag{5.3}$$

式中$\frac{\mathrm{d}i}{\mathrm{d}t}$是关断时候的电流变化率，对于常规采用 IGBT 的功率电路来说，$\frac{\mathrm{d}i}{\mathrm{d}t}$值约为

$$\mathrm{d}i/\mathrm{d}t \approx 0.01 \times I_{\mathrm{C}}\mathrm{A}/\mu\mathrm{s} \tag{5.4}$$

对于 200A 的芯片，$\frac{\mathrm{d}i}{\mathrm{d}t}$值约为 2A/μs。如果模块封装本身具有 50nH 的杂散电感，其电压过冲约为 100V。

因此，封装设计时必须尽可能减小杂散电感，也就是说封装需要尽可能的紧凑和对称，导电回路需要保持相对短，并且保持相对短宽。杂散电感 L 可以由式（5.5）和式（5.6）计算：

对于扁平型导体

$$L = 5\left[\ln\frac{2l}{w+t} + \frac{l}{2} + \frac{2(w+t)}{9l}\right]\mathrm{nH/in} \tag{5.5}$$

式中 l、w、t 分别是导体的长、宽和厚度。

对于圆形导体

$$L = 5\ln\frac{4l}{d}\mathrm{nH/in} \tag{5.6}$$

式中 d 为直径。

由于在开关过程中会存在电压的过冲，IGBT 芯片和 FRED 芯片最高只能使用到 80% ~85% 的额定电压。

一般氮化硅衬底不需要匹配金属底板，所以朝向热沉一侧的翘曲形状和幅值必须进行优化。一般来说采用 1mil/1in 左右的正向弯曲，这当中需要考虑的因素有

- 氮化硅衬底的厚度；
- 表面铜层的厚度和覆盖面积比，有些供应商习惯对陶瓷材料用作绝缘衬底进行预弯；
- 上下表面金属覆层的图案连续性。

一般来说，越薄的衬底，或者越大的表面铜层厚度/覆盖面积比，需要越大的翘曲度。但是，在采用螺栓固定的时候过大的翘曲度会使衬底产生裂痕。

另一个需要考虑的因素是表面粗糙度，这是因为粗糙度会直接影响衬底和热沉的导热能力，因此需要控制在 1μ 以下。

经过氧化锆强化的氧化铝衬底（含有 10% ~15% 的氧化锆）是氮化硅衬底的替代品，它具有一定的机械强度并且价格低廉。其缺点是热导率较低，仅有氮化硅衬底的 1/3。

图 5.6 显示了 25mil 氧化铝衬底的表面金属化图案。

5.3.2.3 镀层

镀镍层的通用设计规范见表 5.14。

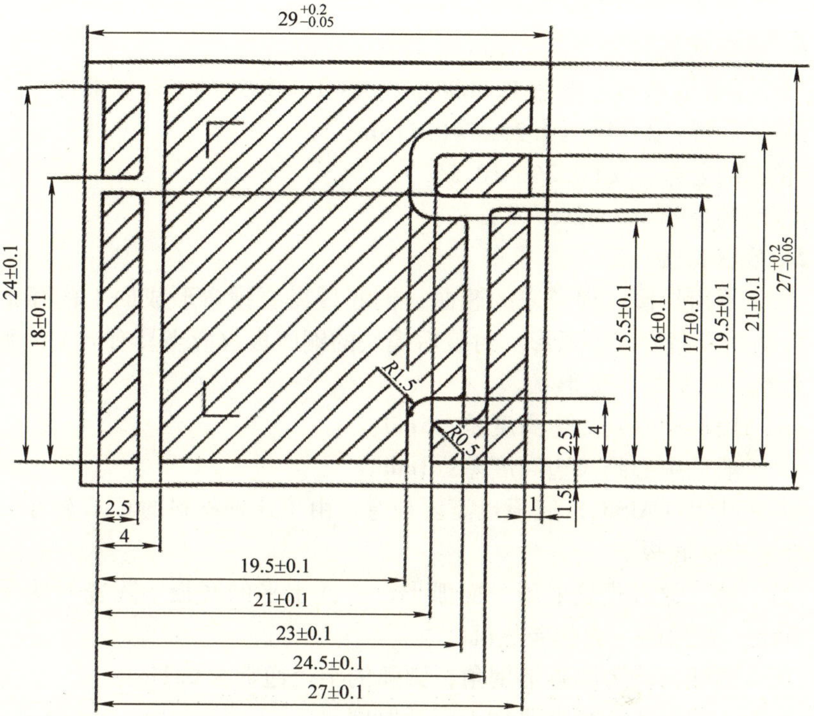

图 5.6　25mil 厚氧化铝直接覆铜板金属化图案布局（24mm×29mm）

表 5.14　表层镀镍层设计指南

无电镀镍/磷	磷含量 8%～12%
厚度	2～5μm
胶带纸粘贴实验	10s
12mil 铝键合线拉力试验	最小耐受 2.5N（或 300gm） 一般需要 5～6N（600～700gm）
铅锡和锡银铜焊料的可焊接性	260℃下 10s，焊锡浸润率≥95%
表面粗糙度	最大 15μm
晶须，污染、表色、层间脱离，划痕	不被允许 410℃下 5min 无起泡
为保证方向性和唯一性，芯片和衬底的对齐标记不应当对称	

5.3.3 金属底板设计

5.3.3.1 金属底板尺寸

本书中金属底板尺寸参照 Double Int – A – Pak 模块的工业标准尺寸

- 金属底板：2.44in ×4.25in ×0.118in；
- 长宽的公差：±(0.2% ~0.5%)；
- 厚度的公差：±(2% ~3%)；

5.3.3.2 底板特性

- 为了平衡焊接过程带来的翘曲，铜底板需要预弯形成向上的弧形，即与散热片接触的一面为正向弧形。封装后模块的铜底板也应当具有向上的弧形，一般不推荐绝对水平的底板形状。
  - — 一般从中心到短边高度差：5mil；
  - — 一般从中心到长边高度差：3mil。
- 碳化硅铝（AlSiC）底板也需要预弯，由于这种材料的 CTE 较小，所以预弯程度要小于铜底板。
- 另一种有效方式是采用一面弧形、一面水平的底板。陶瓷衬底需要焊接在水平面上，弧形的一面朝向热沉。
- 所有的端角均为圆弧形倒角，圆弧的半径通常为 0.1in。
- 底板上的开孔直径需要大于底板厚度。
- 开孔边缘距离底板边缘的最小距离为 0.060in。
- 开孔边缘不能有毛刺或凸起。
- 缺陷相关问题请参考表 5.15。
- 镀层：
  - — 无电镀镍磷，其中磷的含量在 8% ~12%（根据 Mil – C – 26074，I 等级，A 程度），或者进行铬镍钛电镀；
  - — 对于铅锡焊料和锡银铜焊料具有良好的焊接性能，浸润性大于 95%，可通过 10 秒的粘贴测试；
  - — 厚度约为 5μm；
  - — 需要平整和一致的外观；
  - — 鼓泡、沾染、变色和分层都是严禁出现的；
  - — 与陶瓷底板的对齐标志需要出现在上表面，为保证方向性此标志不能完全对称。

表 5.15　最大允许缺陷

突起、鼓包状缺陷	最大限制为 1mil 高，长度 10mil
坑、深坑、空洞	最大限制为 2mil 深，半径 5mil
刮痕、槽状缺陷	最大限制为 2mil 深，长度 10mil
裂痕	严禁出现
允许出现的最大缺陷数	每平方英寸 3 个

图 5.7 描绘了一个的铜底板尺寸示例。

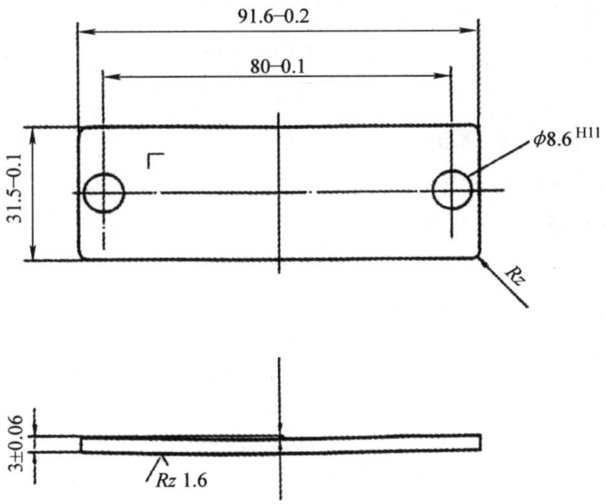

图 5.7　铜底板示例（31.5mm×91.6mm）

5.3.4　功率端子/快接导片/互连桥设计

5.3.4.1　尺寸

本书中功率端子尺寸参照 Double Int – A – Pak 模块的工业标准尺寸。

5.3.4.2　材料

材料可以是

- 铍铜合金（C170，C172）；
- 铍镍合金（Ni200，Ni270）；
- OFHC 半硬纯铜。

5.3.4.3　功率端子

- 导通额定电流下的压降：

— 每个端子小于 0.05V；

— 温升 <20℃。

- 端子上的开孔需要能支持 M5 螺钉，其直径是 0.250in。
- 端子可由铜，铍铜合金或铍镍合金通过腐蚀或冲压制造。
- 尺寸和公差列见表 5.16。
- 对于需要后续在端盖上方折弯来覆盖灌封孔的功率端子，需要有预弯痕(厚度 0.0015in，长度 0.040in)。
- 端子的底部需要具有多重折弯来保证良好的焊接能力和卸载热应力的能力。
- 需要尽可能地减小杂散电感，为此端子底部应当焊接在 IGBT 附近。由于端子的长度或高度是固定的，应当设计较宽或者较厚的端子。具体设计请见式(5.5)，对于半圆形的弯曲，需要采用 2 倍长度计算。
- 尺寸：
  — 长度 1.80in—2.00in；
  — 宽度 0.70in—0.90in；
  — 厚度 0.045in—0.055in；
- 螺栓载流能力：
  — M3 可持续载流 60A；
  — M5 可持续载流 200A；
  — M6 可持续载流 400A。
- 螺栓的材料和端子的材料需要尽可能地接近：

镁	铅	黄铜
锌	锡	铜镍合金
铝	镍	银
铬	紫铜	金
钢	铜	铂

- 缺陷：
  — 最大允许的鼓包或凸起尺寸为 2mil；
  — 刮痕、刮伤、槽状缺陷、孔状缺陷、尖锐端角是不被允许的。

表 5.16　功率端子尺寸和公差

圆孔（或长圆孔）	
金属厚度 1 ~ 5mils >5mils	直径（或长度） ≥金属厚度 ≥1.1 倍金属厚度
“金手指”式图形	

（续）

金属厚度 ≤5mils >5mils	直径（或长度） ≥金属厚度 ≥1.25 倍金属厚度
长度、宽度、厚度公差	
长度、宽度 <1in 1~3in 3~6in	 ±0.005in ±0.001in ±0.002in
厚度 0.010in 0.020in 0.040in	公差 ±0.0015in ±0.0030in ±0.0050in

注：弯曲半径：对于1/2 硬度的铍铜合金，最小弯曲半径为金属厚度。

5.3.4.4　快接导片

- 工业标准尺寸：0.110in 宽 ×0.020in 厚。
- 插接导片需要固定在壳体或端盖上，下端应当使用绝缘树脂固化，以便提供更牢固的支撑。导片应当能耐受 25 次反复插接和 4.5kg 的拉力。
- 快接导片的规格：
  — 0.110in（2.8μm）可以流过 20A 持续电流；
  — 0.192in（4.8μm）可以流过 40A 持续电流；
  — 0.250in（6.3μm）可以流过 60A 持续电流。
- 所用连接导片应具有绝缘层的导线：
  — 绝缘层应满足一定的耐热要求，对于 155~179℃的运行工况需要使用 EE 级或 F 级导线，对于 180~199℃的运行工况需要使用 H 级导线；
  — 按照美制电线标准每安培需要 500 密耳圆（circular mils）选择导线（见表 5.17）。
  — 使用标准导线以便消除应力；
  — 为减小杂散电感应尽量使用短导线，但需要预留一段长度防止拉力过大损坏导线，可以通过式（5.6）计算杂散电感；
  — 采用不同颜色的导线区分门极和射极；
  — 使 IGBT 的栅极和发射极的导线铰接以减少杂散阻抗；
  — 避免把不同 IGBT 芯片引出的导线束在一起。
- 缺陷

— 最大允许的鼓包或凸起尺寸为2mil；
— 严禁出现刮痕、刮伤、槽状缺陷、孔状缺陷、尖锐端角等。

表5.17 AWG线编号和载流能力

AWG	I/A
14	8.22
16	5.16
18	3.24
20	2.04
22	1.28

5.3.4.5 电镀

最常用的电镀是无电镀镍磷，其中磷含量为8%～12%（Mil－C－260674标准，I类A级）

- 一般厚度为5μm；
- 严禁出现拉丝、污染、变色和分层剥离等现象。

5.3.4.6 互连桥

衬底间的桥接互连采用键合线或者镀镍铜带，通常要把铜带弯成半弧形以消除热应力。图5.8、图5.9和图5.10分别给出了功率端子、快接导片和互连桥的示例。

5.3.5 塑料管壳和端盖设计[2,8]

- 采用Double Int－A－Pak的工业标准尺寸；
- 建议采用DAP或PBT（采用玻璃纤维作为填充物）材料；
- 颜色采用黑色；
- 厚度公差：
  ±0.005in在厚度0.5in以下；
  ±0.010in在厚度0.5in至1.0in之间；
  ±0.015in在厚度1.0in以上；
- 长、宽、高公差：
  ±0.010in在1in以下；
  ±0.015in在1in至3in之间；
  ±0.020in在3in以上；

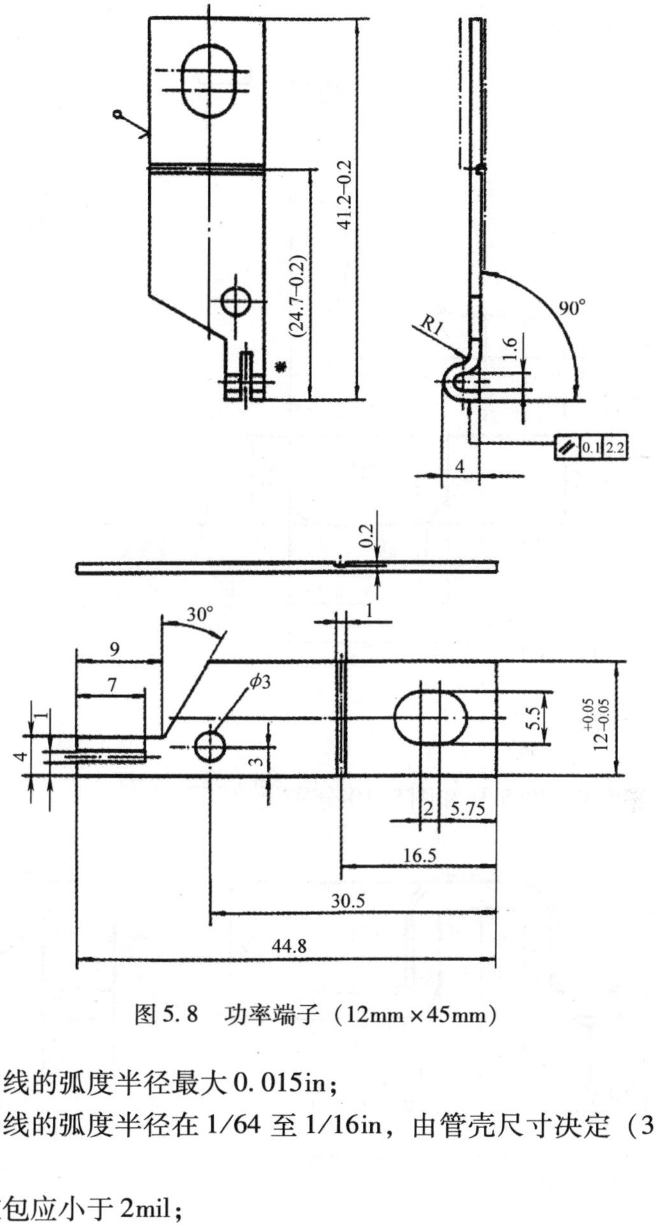

图 5.8　功率端子（12mm×45mm）

- 外部曲线的弧度半径最大 0.015in；
- 内部曲线的弧度半径在 1/64 至 1/16in，由管壳尺寸决定（3in×4in 壳体使用 1/16in）；
- 表面鼓包应小于 2mil；
- 端盖和管壳应采用环氧树脂黏接，采用 B - stage 片的形式，也可采用榫接等机械连接方式；
- 端盖可以采用深槽或者长肋的方式来增加功率端子间的绝缘，根据 UL508 标准和 VDE0160 标准，一般情况下 16mm 可以隔离 1000V；

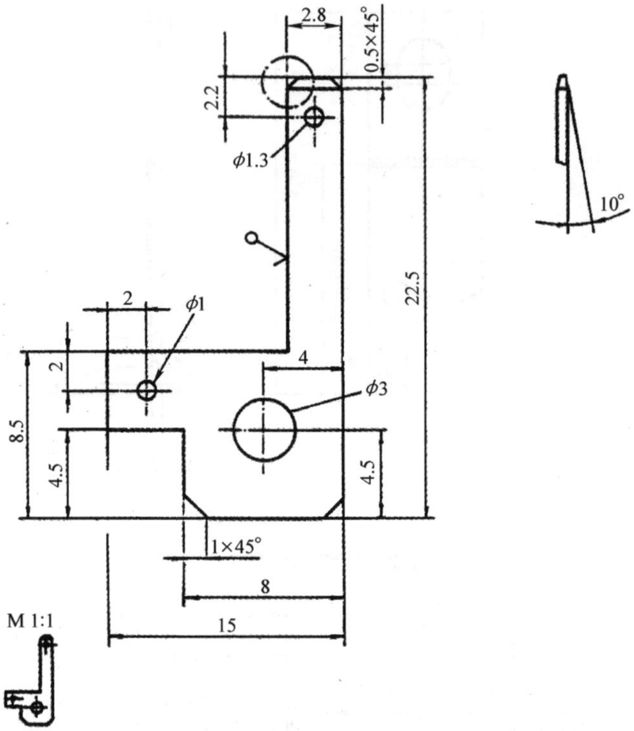

图 5.9　快接导片（2.8mm×22.5mm）

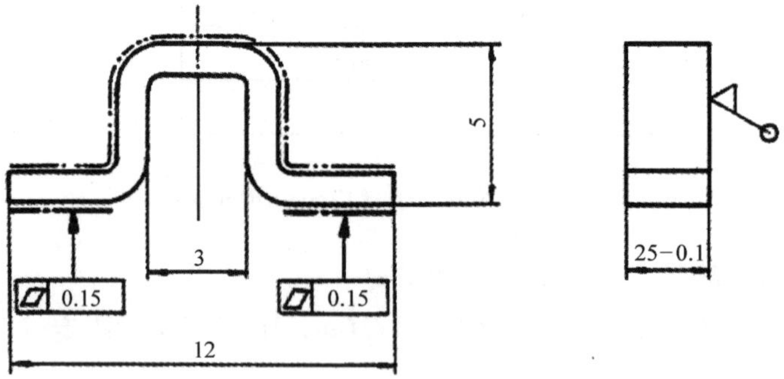

图 5.10　互连桥

- 端盖应具有 3 个安装槽位以对应 3 个 M5 螺栓，每个槽位应具有放置螺帽的六边形槽；
- 端盖一般具有开口，如槽型开口等，便于注入硅酮树脂或环氧树脂。

5.3.6 焊片设计

- 分为含铅型焊片和无铅型焊片；
- 分为有助焊剂型和无助焊剂型；
- 长宽的公差：

— ±0.001in 在 0.010in 至 0.060in 之间；

— ±0.002in 在 0.060in 以上；

- 厚度的公差：

— ±0.0002in 在 0.001in 至 0.002in 之间；

— ±0.0004in 在 0.002in 至 0.010in 之间；

— ±0.001in 在 0.010in 至 0.020in 之间；

— ±0.002in 在 0.020in 以上。

- 各边预留 0.003in 的空白来保证焊接时焊料的铺展。

参 考 文 献

1. Denka Technical Information, *Standard Design Rules of Denka AN Plate*, No. ANB/CC/1/001, 1998.
2. Harper, C.A., *Electronic Packaging and Interconnection Handbook*, 2nd edition, McGraw-Hill, New York, 1997.
3. Licari, J.J. and Enlow, L.R., *Hybrid Microcircuit Technology Handbook*, Noyes Publishing, Park Ridge, NJ, 1998.
4. Kanemaru, T., Palmer, B., and Twanow, C., *Reliable Metallization Options for Aluminum Nitride*, Thermic Edge Corp., 1998.
5. Curamik Electronics, GmbH, *Direct Copper Bonded Substrates for Semiconductor Power Devices*, Curamik Report, 1997.
6. Orthodyne Electronics, Inc., *Design Guidelines*, Orthodyne Technical Pub., 2000.
7. Valentine, R., *Motor Control Electronics Handbook*, McGraw-Hill, New York, 1998.
8. Robison Electronics, Inc., *Tolerance and Materials: Diallyl Phthalate Properties*, 2000.

5.4 实例

按照 5.1.1 节中焊接叠层组件的设计，分别制备了四组样品。把这些样品按照第 4 章制的生产流程图进行组装，之后分别对热应力和热阻抗进行了测量，结果列写在第 5.4.3 节中。

5.4.1 生产成本估算

对于 200A，1200V 的双 IGBT 芯片的半桥模块，表 5.18 进行了生产成本的估算，包括了材料成本和人工成本。

表 5.18 四种备选方案的生产成本估算

备选方案序号	200A 双 IGBT 芯片模块生产成本估算/美元
1	60
2	75
3	85
4	65

注：成本估算基于在中国进行组装和标准电气测试。根据美国劳工部统计，中国每小时人工成本 0.4 美元，美国每小时人工成本 20.32 美元，墨西哥 2.34 美元。

5.4.2 备选方案的理论值比较

根据 5.1.2 节和 5.1.3 节的方法，表 5.19 对四种备选方案进行了理论值的比较。

表 5.19 四种备选方案的理论值比较

	1	2	3	4	Hitachi①
稳态热阻/（℃/W）	0.138	0.113	0.140	0.102	0.120
温度循环耐受能力（-40～85℃）	好	一般	很好	非常好	好
重量	400	400	300	250	450
生产成本估算/美元	60	75	85	65	100②

① 产品型号：MBM200IS12AW。
② 按照一次性购买 1000 个模块的售价。

5.4.3 模块试制的散热性能

5.4.3.1 温度—机械性能表征

本节分别在 -40℃、25℃、125℃ 的环境温度下，通过光学非破坏性实验，对功率芯片翘曲的类型、幅值和分布进行了测量。这些测量结果有助于分析功率模块在这些温度下的可靠性。

表 5.20 将四组样品由热引起的翘曲进行了对比。

表 5.20　四组样品的结构

样品	1	2	3（A，B）	4
芯片	IGBT/FRED	IGBT/FRED	IGBT/FRED	IGBT/FRED
陶瓷衬底	氧化铝	氮化铝	氮化铝	氮化铝
底板	铜（预弯）	铜（预弯）	A：无预弯 B：预弯后其中一边弧顶距离 4mil	

图 5.11 描述了样品中的芯片布局，其中样品 1、4、5、8 是 IGBT 芯片，样品 2、3、6、7 是二极管芯片。每一片芯片都焊接在陶瓷衬底上，之后再将陶瓷衬底焊接在底板上，之后通过阴影云纹技术（shadow moire）对芯片和底板分别测量变形。数据统计如下：

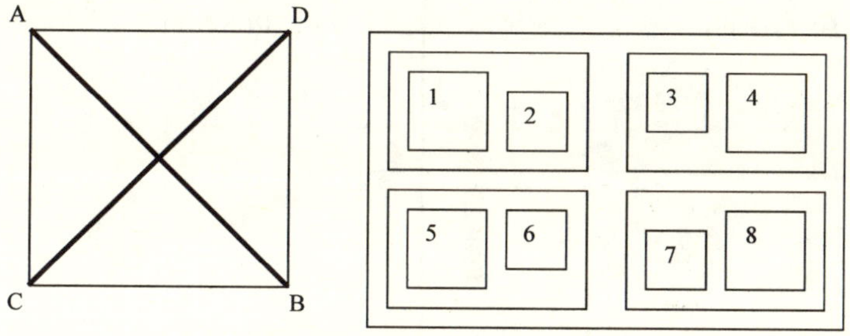

图 5.11　备选方案中的芯片布局与对角线定义

- IGBT（芯片 1，用 large die 标注）——在图 5.12 ~ 图 5.19 中：
  — 在 -40℃、25℃、125℃环境温度下描绘了芯片整个表面的三维图；
  — 在 -40℃、25℃、125℃环境温度下描绘了芯片对角线上分布的二维图，其中线 AB 用红色表示，线 CD 用蓝色表示。
- 二极管（芯片 2，用 small die 标注）——在图 5.12 ~ 图 5.19 中：
  — 在 -40℃、25℃、125℃环境温度下描绘了芯片整个表面的三维图；
  — 在 -40℃、25℃、125℃环境温度下描绘了芯片对角线上分布的二维图，其中线 AB 用红色表示，线 CD 用蓝色表示。
- 底板——在图 5.20 ~ 图 5.23 中：
  — 在 -40℃、25℃、125℃环境温度下描绘了芯片整个表面的三维图；
  — 在 -40℃、25℃、125℃环境温度下描绘了芯片对角线上分布的二维图，其中线 AB 用红色表示，线 CD 用蓝色表示。

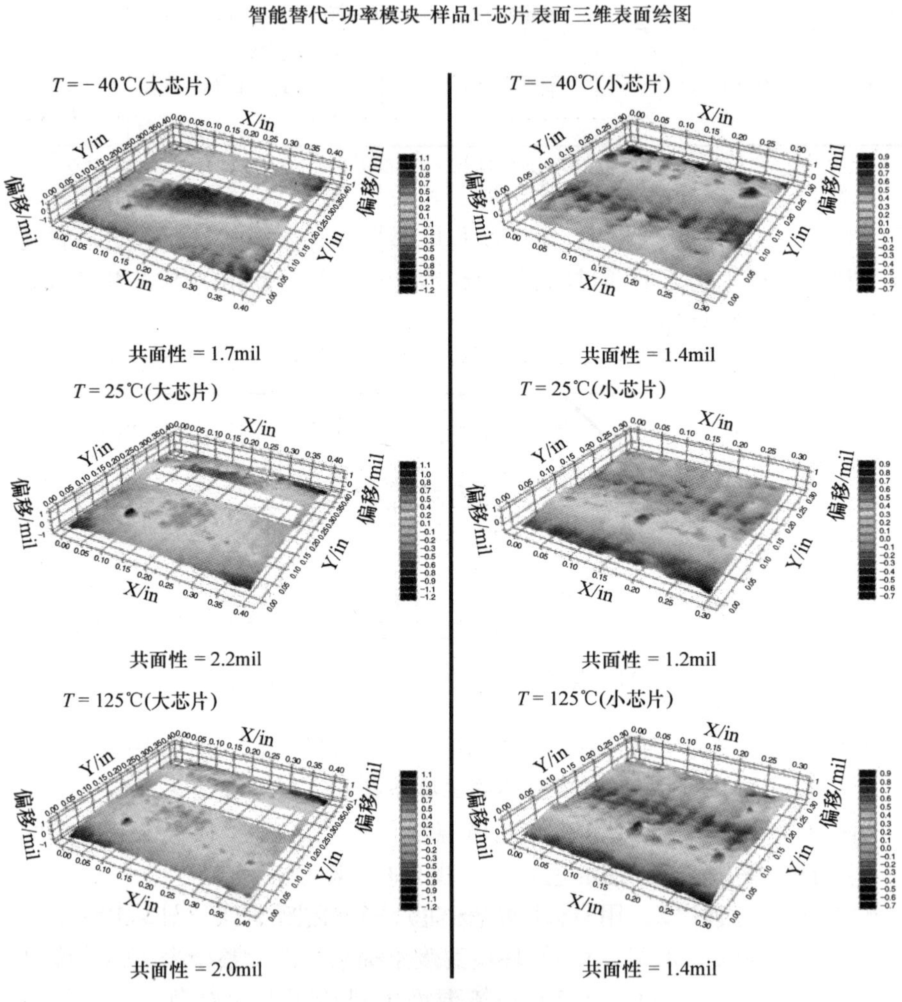

图 5.12　样品 1 的三维表面绘图（见彩图）

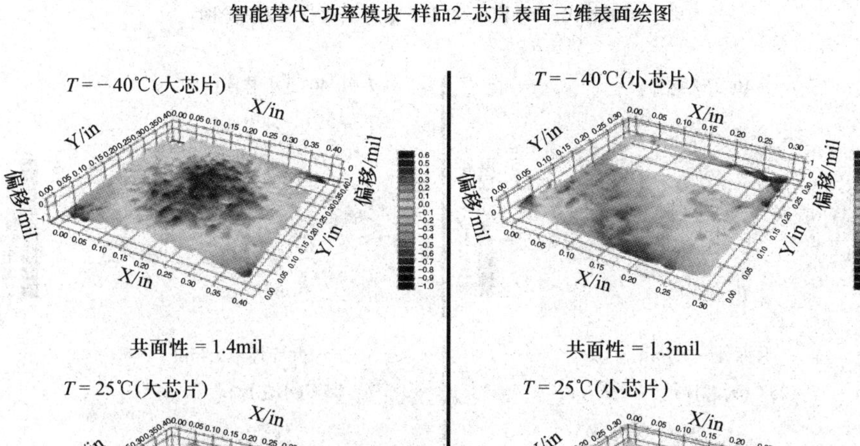

图 5.13　样品 2 的三维表面绘图（见彩图）

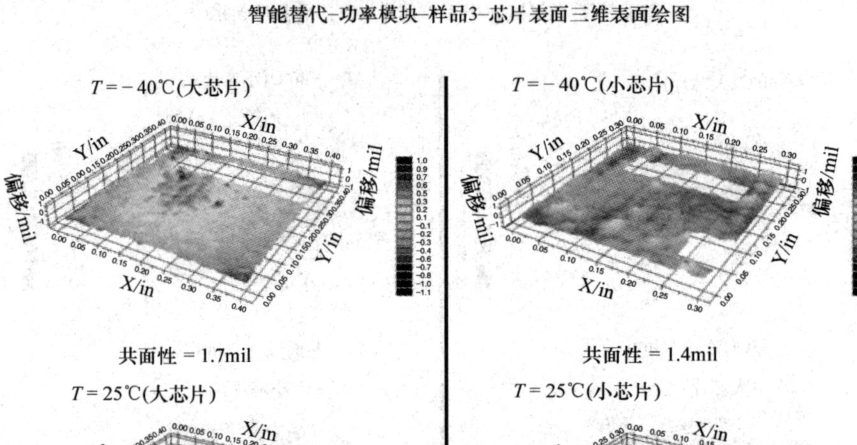

图 5.14　样品 3 的三维表面绘图（见彩图）

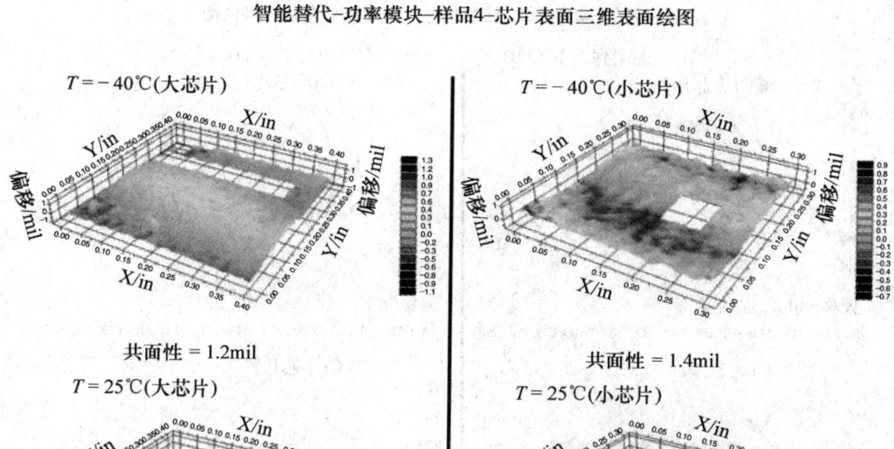

图 5.15 样品 4 的三维表面绘图（见彩图）

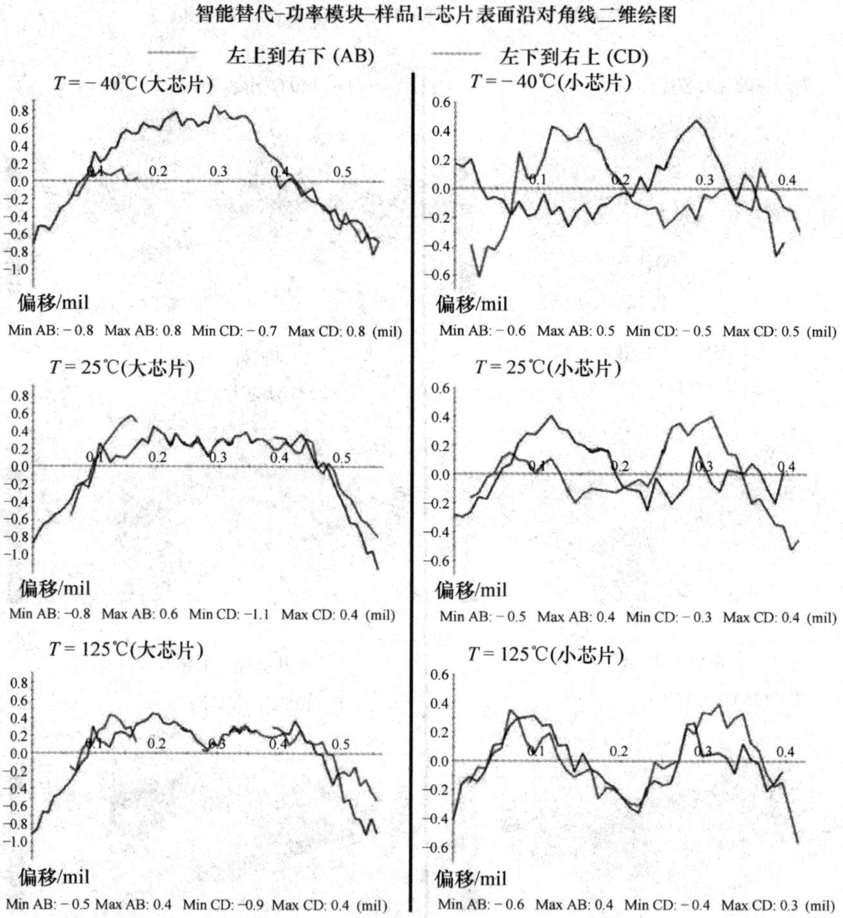

图 5.16　样品 1 的沿对角线二维绘图

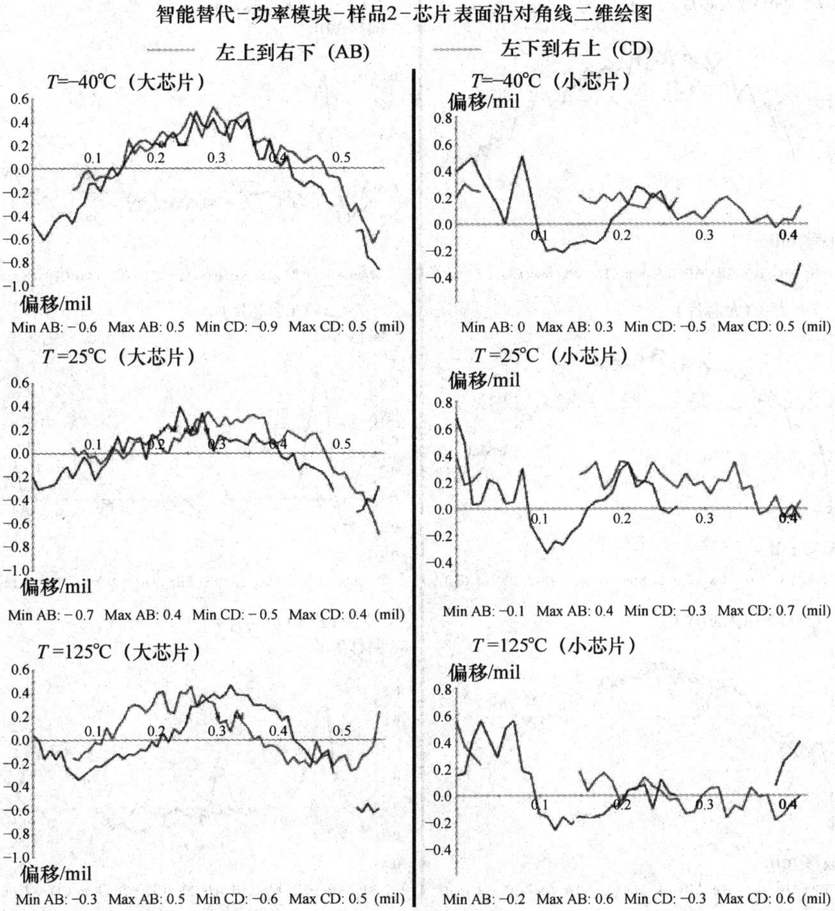

图 5.17　样品 2 的沿对角线二维绘图

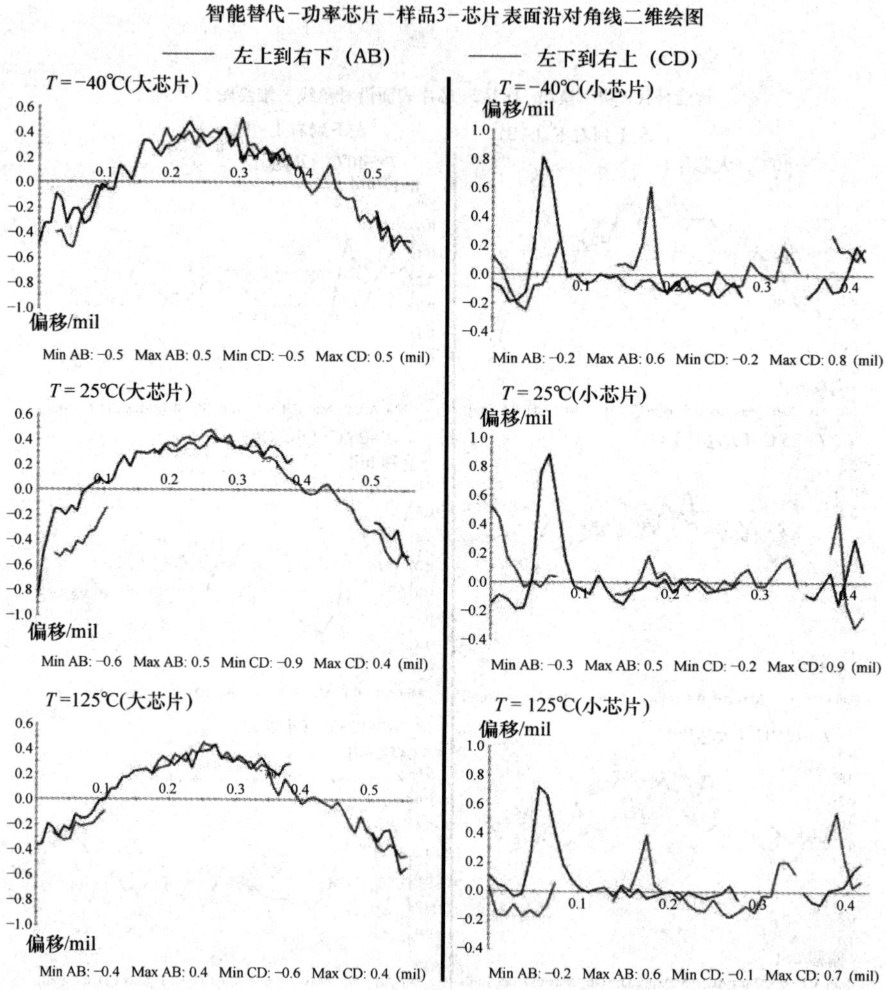

图 5.18　样品 3 的沿对角线二维绘图

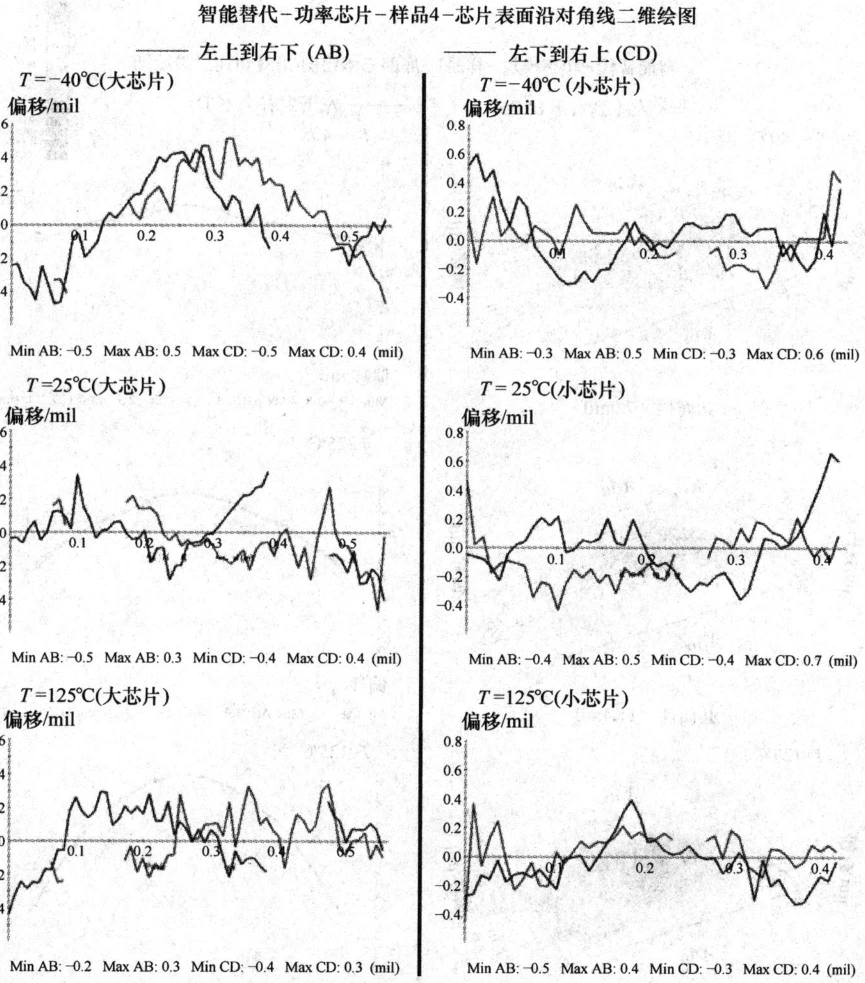

图 5.19　样品 4 的沿对角线二维绘图

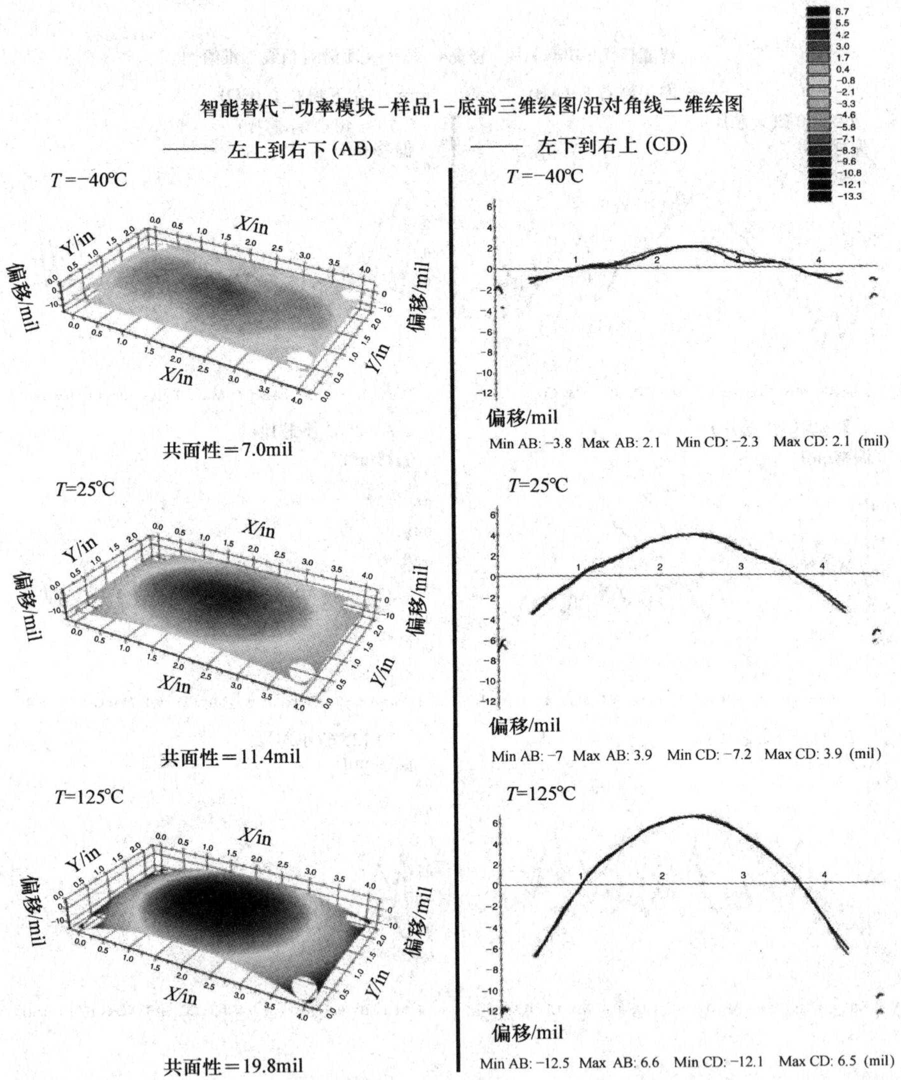

图 5.20 样品 1 的底部三维表面绘图、沿对角线二维绘图（见彩图）

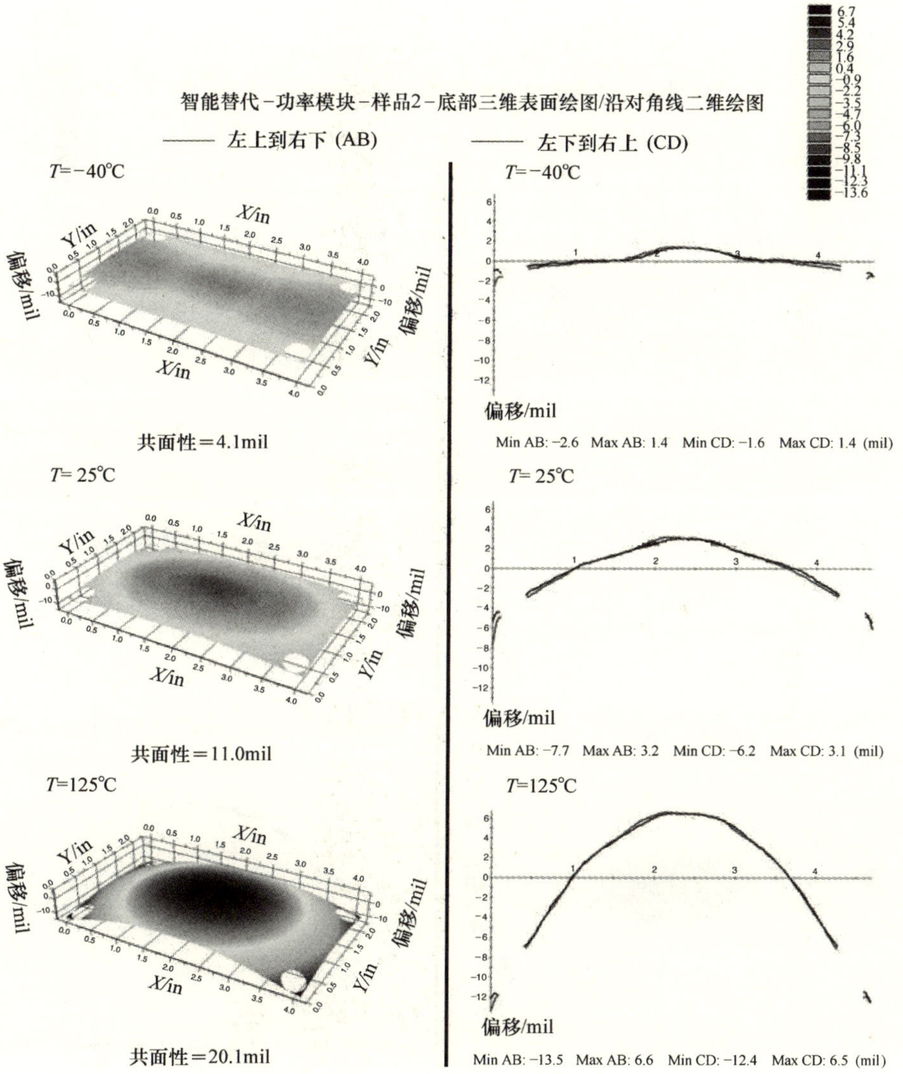

图 5.21　样品 2 的底部三维表面绘图、沿对角线二维绘图（见彩图）

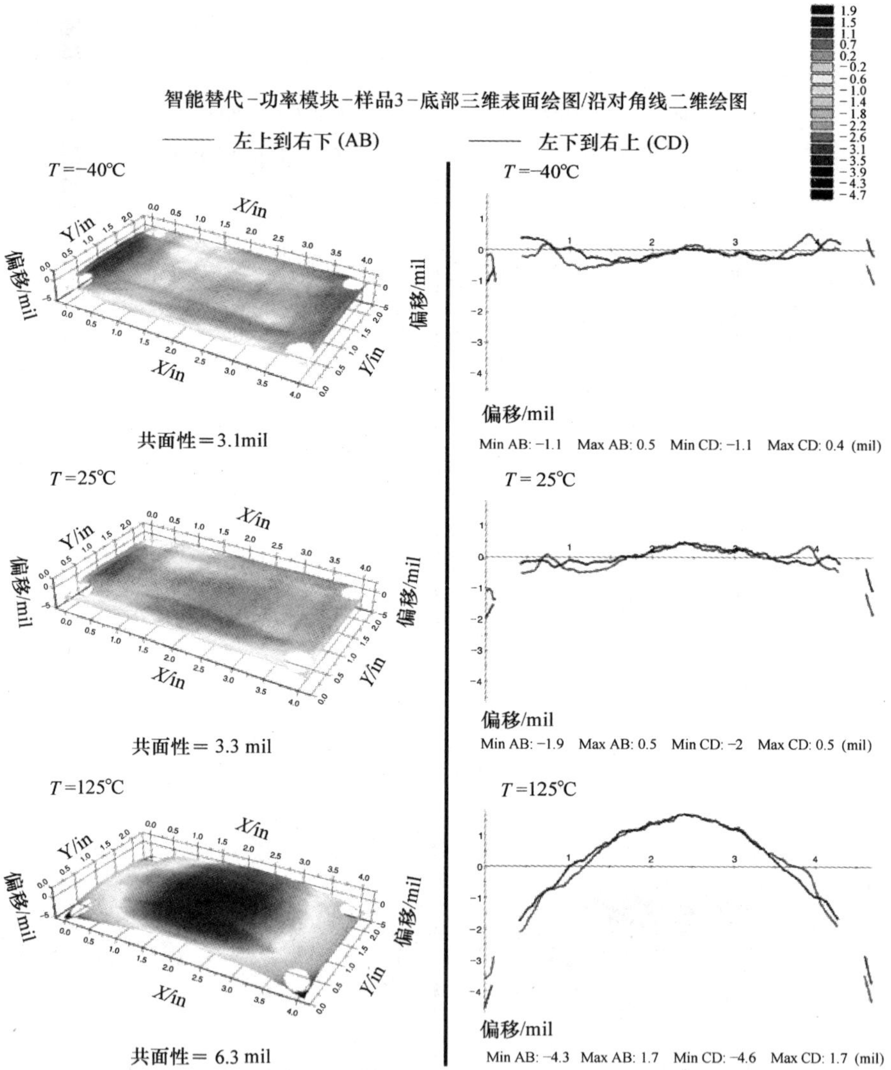

图 5.22 样品 3 的底部三维表面绘图、沿对角线二维绘图（见彩图）

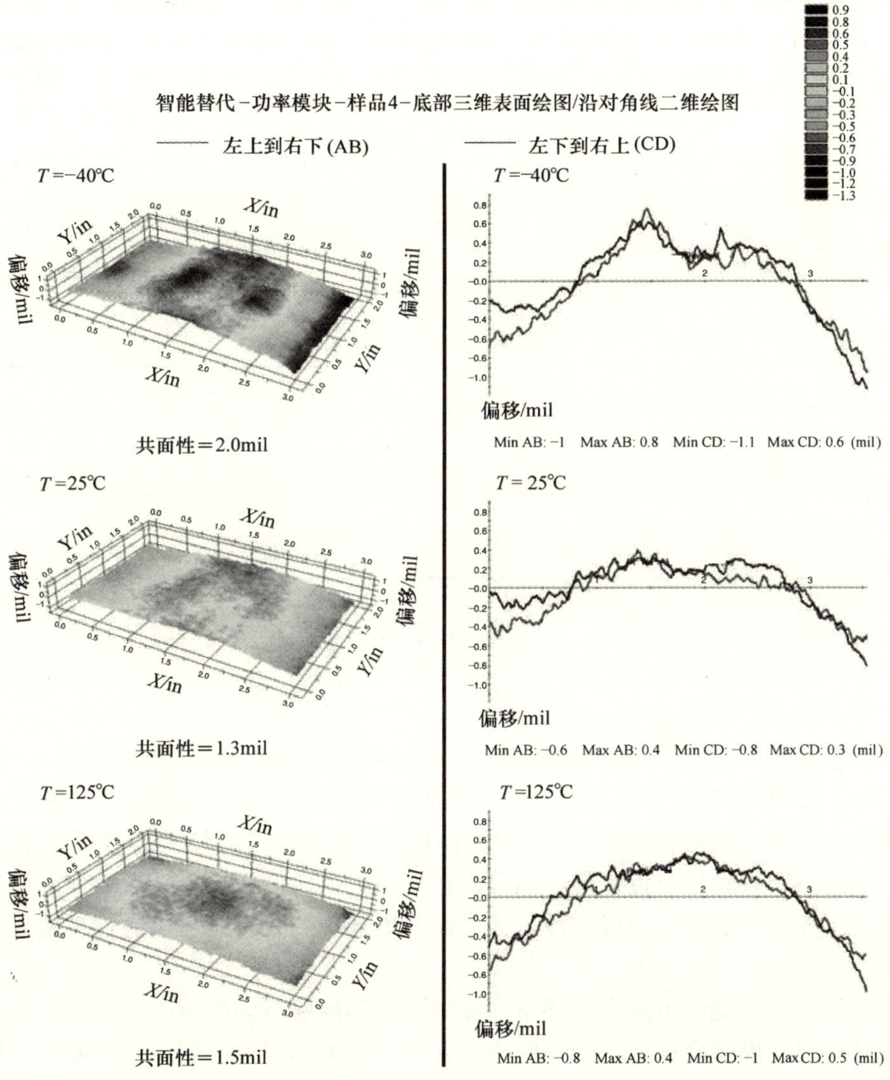

图 5.23　样品 4 的底部三维表面绘图、沿对角线二维绘图（见彩图）

（1）IGBT/FRED 芯片

以上图中对角线 AB 和 CD 的定义如图 5.11 所示。这些图片显示了很多有用信息：

- 由于热膨胀系数的差异，IGBT 芯片和二极管芯片是向下翘曲的；
- 弧度的最大值出现在 -40℃，最小值出现在 125℃；
- 由于尺寸更大，IGBT 芯片比二极管芯片显示出更大的翘曲，见表 5.21；
- 芯片上表面的键合线残留可能导致测量误差，表现为局部小高点，分析时应当被忽略；

● 芯片最大形变发生在 $-40℃$ 时的芯片中心点，表 5.21 列写了四组样品中 IGBT 芯片的最大形变。

表 5.21　IGBT 和 FRED 芯片尺寸

	IGBT	FRED
长宽尺寸	0.530in×0.530in	0.350in×0.350in
厚度	7～8mil	20mil

表 5.22　IGBT 芯片的最大形变

备选方案	最大形变/mil
1	1.7
2	1.4
3	1.0
4	0.8

应用以下硅芯片的参数，形变图可以被表达成芯片表面的应力分布[3]：

◆ 杨氏模量约为 $2.35\times10^7 lb/in^2$；

◆ 泊松比约为 0.22。

根据式（5.2）可以计算出最大拉应力的分布，通过分析可以预测在 $-40℃\sim125℃$ 的温度循环测试中模块是否会失效。由于最大拉应力会随芯片缺陷的尺寸变化，根据特定的叠层结构可以计算出所允许的最大芯片表面缺陷尺寸。这种估算虽然只是近似值，但可以在不经过试验的情况下，帮助预测模块在不同的温度循环条件下的可靠性，如果需要更准确的分析则可以通过有限元计算（FEA）获得。

这些绘图还提供了温度循环下回流焊接层热疲劳行为的情况，芯片中心位置处的进行回流焊接会持续耐受热应力，此应力值大于焊锡的屈服应力限值，根据 Coffin－Manson 模型[4,5]可以估算出回流焊接层的寿命（也就是开始出现裂纹的时间点）。

$$N_f = \frac{1}{2}\left(\frac{\Delta\varepsilon}{\varepsilon_f}\right)^{-2} \qquad (5.7)$$

式中

N_f为失效所需的循环数；

$\Delta\varepsilon$ 为两个连接层的相对位移造成的塑性形变范围；

ε_f为疲劳形变系数（对于共晶焊锡或近共晶焊锡来说，ε_f值约为 0.65。

一旦裂纹开始产生，就会快速生长并产生断裂失效。如果回流焊接层从以一开始就出现了裂纹，它的寿命会由裂纹的生长速度决定，在这种情况下，回流焊接层的寿命会变得很短。因此，回流焊接层裂纹的检测对功率模块至关重要。

（2）底板

- 测量是在底板下底面朝上放置的情况下进行的；
- 由于温度差异，翘曲弧度在 125℃最大，在 -40℃时最小，表 5.23 显示了四组样品中底板的位移差异。

表 5.23　底板的位移

样品	位移/mil	
	25℃	125℃
1	11	20
2	11	20
3B	3.3	6.3
4	1.3	1.5

当底板通过四角的螺栓固定在热沉上之后，会形成底板中心向上弯曲的趋势，也就是说背向热沉的正弧度。底板预弯的弧度需要大于这个逆向的趋势，否则底板无法与热沉紧密接触，会导致较差的散热效果。从热阻的测量结果看样品 1、2、3B 与热沉有良好的接触，样品 4 则相对较差。

5.4.3.2　热阻分析

本节通过最基本的热阶跃响应测试，这种方法能够提供模块热瞬态和热静态分布的所有有用信息。在所绘制的曲线中，纵轴是模块的热阻，横轴是热响应的时间。

- 瞬态（10～100ms），决定峰值电流（I_p）能力；
- 稳态（>500ms），决定持续电流（I_C）能力；
- 评估不同焊接层的焊接质量；
- 分析影响热阻的最大因素；
- 优化芯片焊接所需的最佳温度曲线。

图 5.24 给出了所有备选方案的温度曲线，采用冷水热沉的方式，中间涂有导热硅脂。

通过这些曲线可以分析 IGBT 焊接叠层的热流速率情况。在开始的 10～12ms 内，IGBT 芯片顶层产生的损耗，将通过 IGBT 芯片传导到焊接层区域。这段时间内，温升的主要因素是芯片区域的导热能力。因为具有良好的 IGBT 芯片焊接层，样品 1、2、3A、4 的方式一致，样品 3B 则显示出相对较差导热性能的焊接层。

在接下来的 40～60ms 内，热流将以几乎垂直的方向穿过陶瓷层。样品 3A

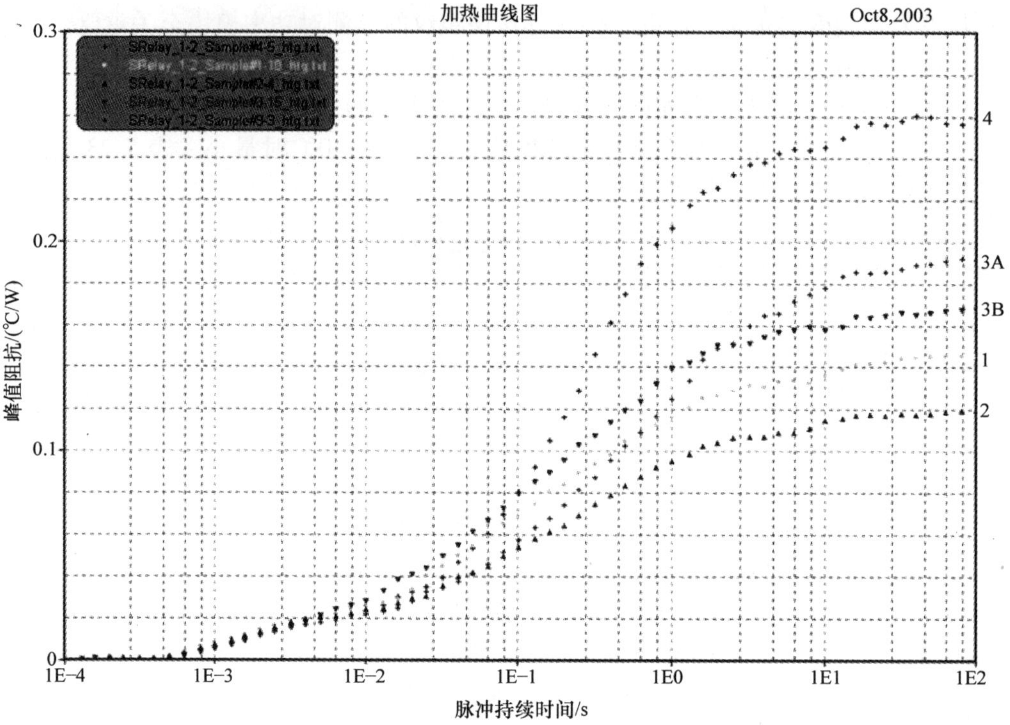

图 5.24

和样品 2 基本一致，而样品 3B 与最初时间段的表现不同，样品 1 和 4 也因为采用了氧化铝和氮化铝，开始显示出相对较差的导热能力。在 60ms 之后，热流开始进入底板，并向三维方向传导。在这一步中，铜的高热容值和强导热能力成为影响热阻的主要因素。这主要体现在样品 2 和样品 3A 开始分离，样品 1 和样品 3A 的曲线会产生交叉点。由于碳化硅铝衬底一般没有预弯，负弧度的结构将导致与热沉的不良接触，其热阻比理论值偏大，因此样品 3A 的特性相对更差。样品 3B 则因为具有单侧的预弯，有利于与热沉的良好接触，降低了热阻。样品 4 没有底板，理论上应有最小的热阻，但因为敷铜衬底没有预弯，焊接叠层的正向弧度很小，不能抵消螺栓固定时候产生的反向弧度，因此表现最差。为了使底板正常工作，应当优化上下铜层的尺寸比例，使正向预弯到达 3mil。

在进一步分析接触热阻的时候，需要考虑表面形貌、表面粗糙度和接触压力[6]。表 5.24 列写了所有样品的比较数据。

通过图 5.25 所示的三阶热阻－热容网络传热模型，可以计算得到较好的焊接曲线。

表 5.24　样品实验结果比较

样品	通过计算的对比
1，2	整个焊接体良好（10%范围内）
3A	芯片和陶瓷衬底焊接良好 塑料管壳和热沉连接较差
3B	芯片连接较差 陶瓷衬底、塑料管壳和热沉连接良好
4	芯片和陶瓷衬底连接良好 塑料管壳和热沉连接较差

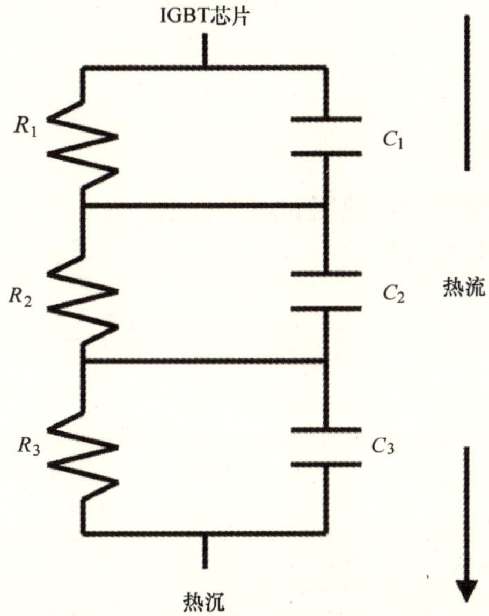

图 5.25　IGBT 焊接叠层的导热模型

表 5.25 列举了图 5.24 中四条热曲线的拟合结果，可以得到 R 和 τ。

表 5.25　不同样品的 R 和 τ

	样品				
	1	2	3A	3B	4
R_1/(℃/W)	0.021	0.027	0.027	0.039	0.024
τ_1/s	0.00201	0.00342	0.00395	0.00672	0.00326
R_2/(℃/W)	0.068	0.064	0.094	0.072	0.177
τ_2/s	0.06802	0.1939	0.2657	0.09935	0.2401
R_3/(℃/W)	0.050	0.027	0.067	0.052	0.053
τ_3/s	1.2047	3.3372	3.1768	1.1813	2.1614

- R_1 是 IGBT 芯片焊接区域的热阻；
- R_2 是芯片从焊接区域至衬底部分的热阻；
- R_3 是从衬底区域到环境温度的热阻；
- C_1、C_2 和 C_3 分别代表了不同区域的热容，这些区域的边界无法准确定义，与焊接叠层结构的物理边界不一定重合。热流的速度可以被定义为与时间常数 τ 或 RC 相关的表达式。

利用这些参数可以对不同频率和脉宽下的芯片热性能进行仿真，图 5.26、图 5.27 和图 5.28 分别表达了样品 1、样品 2 和样品 3B 的结果。

这些数据可以用于指导以下几方面，

- 作为生产检验的标准：
  — 芯片焊接；
  — 芯片空洞；
  — 衬底空洞；
- 有助于检查焊接叠层的热阻和瞬态特性；
- 为工程设计进行指导。

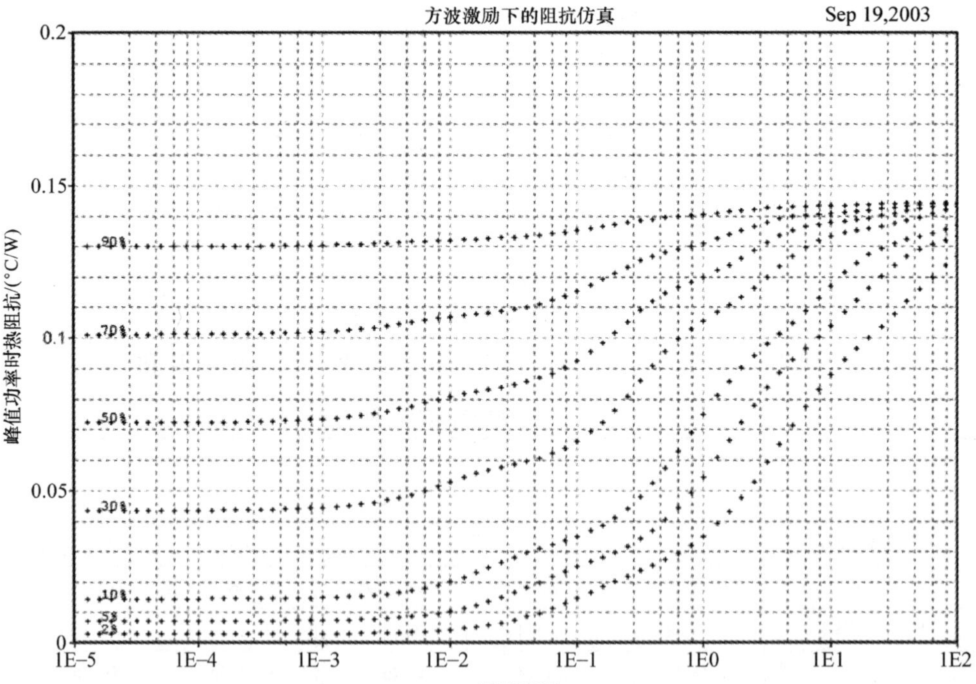

图 5.26 样品 1 在方波激励下的阻抗仿真

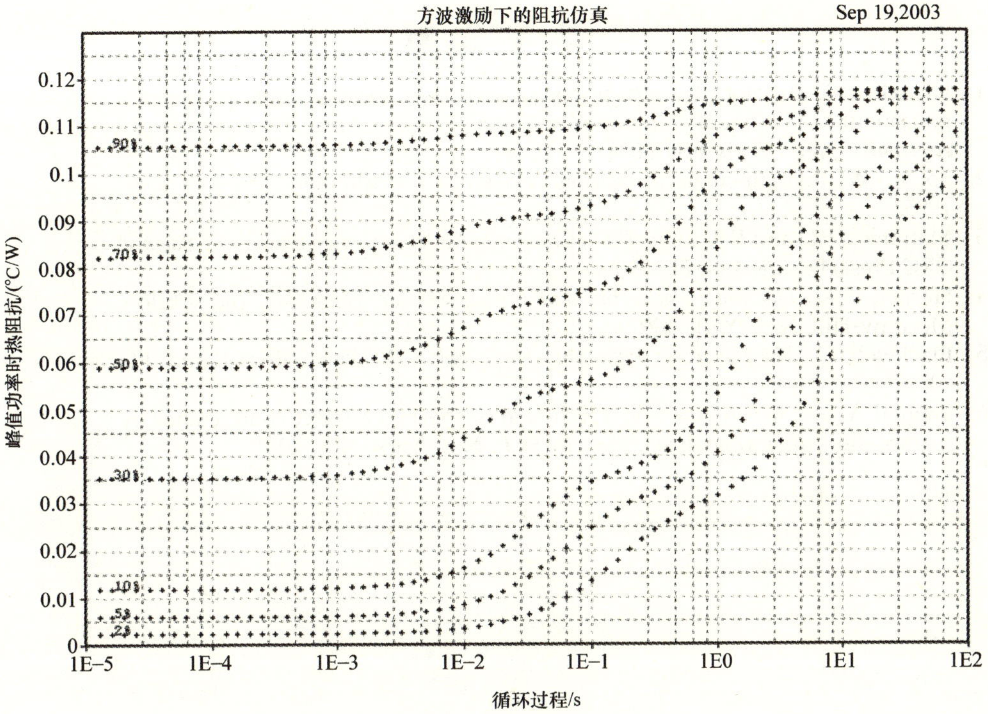

图 5. 27　样品 2 在方波激励下的阻抗仿真

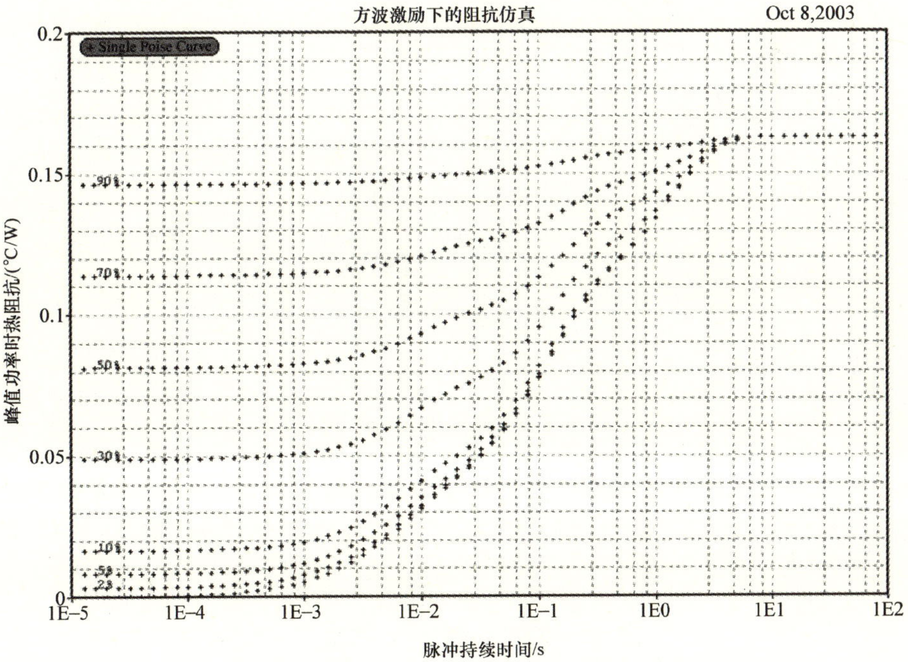

图 5. 28　样品 3B 在方波激励下的阻抗仿真

参考文献

1. Hassell, P.B., Advanced warpage characterization: location and type of displacement can be equally as important as magnitude, *Proc. Pan Pacific Microelectronics Symp. Conf.*, Feb. 2001.
2. Sofia, J.W., Fundamentals of thermal resistance measurement, *Analysis Tech.*, 1995.
3. Matthews, F.L. and Rawlings, R.D., *Composite Materials: Engineering and Science*, CRC Press, Boca Raton, FL, 1999.
4. Harper, C.A., *Electronic Packaging and Interconnection Handbook*, 2nd edition, McGraw-Hill, New York, 1997.
5. Blackwell, G., *The Electronic Packaging Handbook*, CRC Press, Boca Raton, FL, 2000.
6. Singhal, V. and Garimella, S.V., Prediction of thermal contact conductance by surface deformation analysis, *Proc. IMECE*, New York, Nov. 2001.

附 录

附录 A 功率模块中的功率 MOSFET、晶闸管和二极管

• 功率 MOSFET

由 APT、IR、IXYS 供货的功率 MOSFET 芯片

供应商	尺寸/in	容量
APT	0.199×0.203	3~11A，400~1000V
	0.250×0.290	5~18.5A，400~1000V
	0.254×0.414	9~26A，400~1000V
	0.270×0.416	21~75A，100~1000V
	0.388×0.588	20.5~83A，200~1000V
	0.585×0.738	36~120A，200~1000V
IR	0.140×0.143	1.4~1.8A，800~1000V
	0.174×0.206	3.1~4.1A，800~1000V
	0.170×0.227	6.2~10A，400~1000V
	0.222×0.222	4.3~5.4A，800~1000V
	0.257×0.257	11~47A，100~600V
	0.256×0.288	6.1~7.8A，800~1000V
	0.257×0.360	70A，60V
		26A，200V
		20~23A，400~500V
IXYS	0.283×0.348	76A，70V
		75A，100V
	0.283×0.480	70A，150V
		80A，70V
	0.417×0.559	180A，100V
		170A，150V
	0.563×0.623	340A，70V
		230A，100V

注：上表面便于进行铝线键合，发射极的金属层是铝合金。下表面为便于焊接，通常使用钛/镍/银，铬/镍/银，或者铝/钛/镍/银。

• 晶闸管

一般的晶闸管按外观分为两类，方形的和圆形的。方形的适应于引线键合与焊接，圆形的匹配钼片适用于压接式封装。

由 ABB – IXYS、IR、HUTSON 供货的方形晶闸管芯片

供应商	尺寸与结构/in	容量
ABB – IXYS	0.205 ×0.205，中心，平面	44A，800 ~ 1200V
	0.256 ×0.256，端角，平面	45A，1200 ~ 1600V
	0.280 ×0.280，端角，平面	60A，1200 ~ 1600V
	中心，平面	60A，1200 ~ 1600V
	0.343 ×0.343，中心，平面	150A，800 ~ 1600V
	0.394 ×0.394，中心，平面	200A，1200 ~ 1800V
	0.484 ×0.484，中心，平面	200A，1200 ~ 1800V
	0.528 ×0.528，中心，平面	300A，1200 ~ 1800V
	0.809 ×0.809，中心，平面	450A，1200 ~ 1800V
	0.996 ×0.728，中心，平面	600A，1200 ~ 1800V
IR	0.210 ×0.484，中心，平顶山形	35A，100 ~ 1600V
	0.230 ×0.230，端角，平顶山形	35A，100 ~ 1200V
	0.350 ×0.350，中心，平顶山形	80A，100 ~ 1600V
	0.480 ×0.480，端角，平顶山形	140A，100 ~ 1600V
HUTSON	0.160 ×0.160，端角，平顶山形	15A，600V
	0.200 ×0.200，端角，平顶山形	35A，600V
	0.235 ×0.235，端角，平顶山形	50A，600V
	0.250 ×0.250，端角，平顶山形	60A，600V
	0.270 ×0.270，端角，平顶山形	70A，600V
	0.320 ×0.320，端角，平顶山形	90A，600V
	0.400 ×0.400，端角，平顶山形	120A，600V

注：上表面为便于进行铝线键合，金属层采用铝合金或金，或者采用多层的铝/钛/镍/银用于焊接。下表面为便于焊接，通常使用铝/钛/镍/银或者铝/钛/镍/金。

由 IR、DACPOL 供货的圆形晶闸管芯片

供应商	尺寸与结构/mm	容量
IR（Ansaldo①）	ϕ24，硅片	相控整流，600 ~ 1600V
	ϕ30，硅片	相控整流，200 ~ 1600V
	ϕ40，硅片	相控整流，200 ~ 1800V
DACPOL②	ϕ15.8，硅片	相控整流/变频器，100 ~ 1400V
	ϕ23，硅片	相控整流/变频器，200 ~ 1500V
	ϕ33，硅片	相控整流/变频器，400 ~ 2000V
	ϕ50.8，硅片	相控整流/变频器，200 ~ 2000V

① 上表面的金属层是镍/银或铝/镍/金，下表面采用镀镍的钼片。

② 阴极金属层采用铝，阳极为无电镀的钼片。

- 功率二极管

由 ABB－IXYS、IR 供货的方形功率二极管芯片

供应商	尺寸与结构/in	容量
ABB－IXYS	0.116×0.116，平面，玻璃	7A，1200～1600V
	0.175×0.175，平面，玻璃	50A，1200～1800V
	0.213×0.213，平面，玻璃	80A，1200～1800V
	0.244×0.244，平面，玻璃	80A，1200～1800V
	0.343×0.343，平面，玻璃	200A，1200～1800V
	0.484×0.484，平面，玻璃	300A，1200～1800V
IR	0.150×0.150，平顶山型，硅片	16A，100～1200V
	0.180×0.180，平顶山型，硅片	25A，100～2000V
	0.210×0.210，平顶山型，硅片	40A，100～2000V
	0.230×0.230，平顶山型，硅片	45A，100～2000V
	0.280×0.280，平顶山型，硅片	70A，100～2000V
	0.350×0.350，平顶山型，硅片	90A，100～2000V
	0.480×0.480，平顶山型，硅片	120A，100～2000V
	0.520×0.520，平顶山型，硅片	150A，100～2000V
	0.590×0.590，平顶山型，硅片	200A，100～2000V

注：上表面为便于进行铝线键合，金属层采用铝合金或金，或者采用多层的铝/钛/镍/银用于焊接。下表面为便于焊接，通常使用铝/钛/镍/银或金。

由 IR、DACPOL 供货的圆形功率二极管芯片

供应商	尺寸与结构/mm	容量
IR（Ansaldo①）	ϕ24，硅片	400A，200～2400V
	ϕ30，硅片	600A，200～2400V
	ϕ38，硅片	700A，200～2400V
DACPOL②	ϕ18，硅片	400～1400V
	ϕ23，硅片	400～2800V
	ϕ33，硅片	200～3000V
	ϕ50.8，硅片	200～3000V

① 上表面的金属层是镍/银，下表面采用镀镍的钼片。

② 阴极金属层采用铝，阳极为无电镀的钼片。

附录 B　条形码和二维码

为了便于建立和查找储存信息和特性信息，常常使用条形码来标注产品，作为标签的一部分贴在塑料壳体上。除了条形码之外，二维码也越来越多地被应用。使用 10×10 的二维码一般可以容纳 3 个字母信息，相应的 144×144 的二维码可以容纳 2335 个字母信息。对于标准的 IGBT 功率模块，如果不需要包含特殊测试信息，一般采用 44×44（物理尺寸 0.5in×0.5in）的二维码，可以容纳 214 个字母信息，能有有效的包含：

- 批次；
- 序列号；
- 生产日期；
- 测试数据：
  — 电气测试，包括静态、瞬态和短路测试；
  — 热阻测试；
  — 机械性能测试。

当前很多软件，比如 MS Word 都能很方便的生成条形码或者二维码。软件商扫描器厂商包括：

- Taltech Betasoft；
- Tharo Systems；
- Teklynx（二维码生成软件）；
- Microscan（条形码和二维码的扫描器）。

编著图书推荐表

姓名		出生年月		职称/职务		专业	
单位				E－mail			
通讯地址						邮政编码	
联系电话		研究方向及教学科目					
个人简历（毕业院校、专业、从事过的以及正在从事的项目、发表过的论文）							
您近期的写作计划有：							
您推荐的国外原版图书有：							
您认为目前市场上最缺乏的图书及类型有：							

地址：北京市西城区百万庄大街 22 号　机械工业出版社电工电子分社

邮编：100037　网址：www. cmpbook. com

联系人：张俊红　电话：13520543780/010－88379768　010－68326336（传真）

E－mail：buptzjh@163. com（可来信索取本表电子版）

图书在版编目（CIP）数据

电力电子模块设计与制造/（美）盛永和（William W. Sheng），（美）罗纳德 P. 科利诺（Ronald P. Colino）著；梅云辉，宁圃奇译．—北京：机械工业出版社，2016.7

（国际电气工程先进技术译丛）

书名原文：Power Electronic Modules Design and Manufacture

ISBN 978 - 7 - 111 - 54203 - 2

Ⅰ.①电…　Ⅱ.①盛…②罗…③梅…④宁…　Ⅲ.①电力电子技术 - 研究　Ⅳ.①TM1

中国版本图书馆 CIP 数据核字（2016）第 153560 号

机械工业出版社（北京市百万庄大街 22 号　邮政编码 100037）

策划编辑：张俊红　责任编辑：吕　潇

责任校对：张玉琴　封面设计：马精明

责任印制：常天培

北京京丰印刷厂印刷

2016 年 9 月第 1 版第 1 次印刷

169mm×239mm · 14.5 印张 · 4 插页 · 277 千字

标准书号：ISBN 978 - 7 - 111 - 54203 - 2

定价：79.00 元

凡购本书，如有缺页、倒页、脱页，由本社发行部调换

电话服务　网络服务

服务咨询热线：010 - 88361066　机 工 官 网：www.cmpbook.com

读者购书热线：010 - 68326294　机 工 官 博：weibo.com/cmp1952

010 - 88379203　金 书 网：www.golden-book.com

封面无防伪标均为盗版　教育服务网：www.cmpedu.com